AF388731

CATALOGUE

DES PLANTES

DU JARDIN

DE Mʳˢ. LES APOTICAIRES

DE PARIS,

Suivant leurs genres & les caracteres des Fleurs, conformément à la Méthode de Monsieur TOURNEFORT, *dans ses Instituts.*

M. DCC. LIX.

PREFACE.

Vant d'expofer la Méthode de M. Tournefort, il eft à propos de donner une idée de la Fleur, du Fruit, & de leurs parties, puifque c'eft fur ces objets que fa Méthode eft établie.

De la Fleur.

La Fleur eft la partie de la Plante qui renferme les organes de la fruétification. Il y a trois fortes de Fleurs, des Fleurs mâles qui n'ont d'organes de la généra-tion, que les étamines ; des Fleurs fe-melles qui n'ont d'organes de la généra-tion, que les piftiles ; & des Fleurs Her-maphrodites, qui ont l'une & l'autre. Les Fleurs Hermaphrodites accom-pagnent toujours le fruit, ce que ne font pas les Fleurs mâles, car il y en a qui naiffent fur la même Plante en des endroits féparés, comme dans le Ricin,

a ij

le Buis, &c. & d'autres qui naiſſent ſur différens pieds de la même eſpéce, comme dans l'Ortie, le Houblon, le Chanvre, &c. Dans la Fleur Hermaphrodite on conſidere le plus ſouvent le Calice, le Pétale, l'Etamine & le Piſtile.

Du Calice.   Le Calice (*Calyx*) eſt la partie de la Fleur qui comprend toutes les autres. Dans la plûpart des Plantes, il eſt de pluſieurs piéces; dans le reſte, il n'eſt que d'une ſeule. On peut diſtinguer le Calice en Calice proprement dit, qui renferme les autres parties de la Fleur juſqu'à leur état de perfection, & en Calice, improprement dit, qui a contenu la Fleur, mais qui ne l'accompagne pas juſqu'à ſa perfection.

Le Calice, proprement dit, eſt ou propre & ne renferme qu'une ſeule Fleur, comme dans les Claſſes des Fleurs en Cloche, en Entonnoir, en Maſque, en Gueule, en Roſe, en Œillet, dans les Légumineuſes & les Fleurs à Etamines, ou commun, & renferme pluſieurs Fleurs, comme dans les Fleurs à Fleurons, demi-Fleurons, & les Radiées. (*a*)

(*a*) On a donné différens noms aux différentes

On divise auſſi le Calice , improprement dit , en propre & en commun.
La Gaine (*Spatha*) des Liliacées,fournit
l'exemple du premier, & l'enveloppe
(*involucrum*) du bouquet des Ombelliferes , celui du ſecond.

Le Pétale eſt la partie de la Fleur qui Du Péta-
vient après le Calice. Il eſt preſque tou- le.
jours coloré. Dans les Fleurs d'une ſeule
piéce on diſtingue le limbe (*limbus*) ou
la partie ſupéricure , & le tube (*tubus*)
ou la partie inférieure. Dans les Fleurs
de pluſieurs piéces on remarque la
feuille (*lamina*) qui eſt la partie ſupérieure, & l'onglet (*unguis*) qui eſt la
partie inférieure.

L'Etamine eſt la partie mâle de la De l'Eta-
Fleur. Elle eſt ordinairement placée en- mine.
tre le Pétale & le fruit. Sa partie ſupérieure nommée Sommet (*Anthera*,) renferme une pouſſiere (*Pollen*,) qui ſert à
la fécondation des embrions : Sa partie
inférieure eſt un filet (*filamentum*,) qui
ſoutient le ſommet.

Le Piſtile eſt la partie femelle de la Du Piſtile.

ſortes de Calices. On appelle Bale (*Gluma*,) celui
des Graminées ; Chaton (*Amentum*,) celui qui forme
l'épi mâle des Coniferes ; Coëffe (*Calyptra*,) celui
qui couvre le fruit des Mouſſes ; & (*Volva*) l'enveloppe des chapiteaux des Champignons.

Fleur. C'eſt un tuyau deſtiné à recevoir les pouſſieres des étamines. La figure & l'ouverture de ſon extrêmité ſupérieure nommée (*Stigma* ,) varient infiniment : Son extrêmité inférieure ſe nomme Stile (*Stylus*). (*a*)

Du Fruit.

Le Fruit contient les ſemences. On y diſtingue ſon ſupport (*Receptaculum*), les ſemences (*Semina* ,) & leur capſule (*Pericarpium.*)

Du Ré-ceptacle.

Le Réceptacle eſt la baſe ſur laquelle poſent ordinairement la Fleur (*b*) &

(*a*) On trouve dans les Fleurs une partie appellée Nectar, (*Nectarium*) parce qu'elle ſépare une liqueur douce & miellée, dont la ſituation & la figure varient beaucoup. Tantôt il eſt placé dans les pétales, comme dans la Couronne Impériale, la Renoncule : Tantôt, & le plus ſouvent, ſur le réceptacle. Dans certaines Fleurs il a la figure d'un cornet de Trictrac, comme dans les Ellébores : Dans l'Aconit, il reſſemble à un piſtolet ; dans l'Ancholie à un capuchon, &c.

(*b*) Il y a pluſieurs ſortes de Réceptacles. Les uns ne ſoutiennent que des Fleurs mâles, on les nomme Réceptacles de la Fleur ; les autres que des Fleurs femelles, on les appelle Réceptacles du fruit. Dans les Fleurs Hermaphrodites, dont le piſtile devient le fruit, le réceptacle ſoutient & la Fleur, & le fruit. Dans les Fleurs Hermaphrodites dont le calice devient le fruit, le réceptacle de la Fleur eſt ſur le fruit, & celui du fruit eſt l'extrêmité du péduncule auquel il eſt attaché.

le Fruit. On le divife en réceptacle propre qui ne porte que les parties d'une fructification, & en réceptacle commun qui en foutient plufieurs, comme dans les Fleurs Ombelliferes, les Fleurs à Fleurons, demi-Fleurons & les Radiées. Le dernier eft fouvent garni de duvet (*Pappus,*) ou de paillettes (*Paleæ,*) interpofées entre les femences.

La Semence eft le rudiment d'une nouvelle Plante. Elle eft ou à découvert, comme dans les Borraginées, les Labiées, les Ombelliferes, les Fleurs à Fleurons, demi-Fleurons & les Radiées, les Graminées, ou renfermées dans des capfules. Les premieres font, ou nues, comme les Borraginées, les Labiées, les Ombelliferes, les Graminées ; ou ornées de duvet en forme d'aigrette, comme dans une partie des Fleurs à Fleurons, demi-Fleurons & Radiées. L'aigrette eft fouvent formée de filets fimples, comme dans la plûpart des Fleurs à Fleurons ; fouvent rameux, comme dans le Piffenlit, la Scorfonere, la Valeriane, &c. Quelquefois c'eft une couronne de feuilles, comme dans le Soleil. Souvent c'eft

De la Semence.

une membrane (*Ala*) qui la borde tout autour , comme dans la Giroflée , l'Orme , le *Ptelea.* On remarque plusieurs parties dans la Semence : 1°. Des tuniques , ou offeufes , tels qu'en ont les fruits à noyau , &c. ou membraneufes , tels que l'on en voit dans la plûpart des autres fruits ; toutes font percées à une de leurs extrêmités , pour laiffer paffer la radicule : 2°. Les feuilles féminales , ou lobes, (*Cotyledones*) qui contiennent & nourriffent la Plantule : 3°. La Plantule , (*Plantula*) qui eft placée entre les lobes : 4°. La Radicule (*Roftellum,*) qui eft hors des lobes.

Du Péricarpe.

On appelle Péricarpe l'enveloppe commune des femences. Il y en a de féches & de charnues. Les enveloppes féches font la Capfule (*Capfula,*) la Silique (*Siliqua,*) la Gouffe (*Legumen,*) le Cone (*Strobilus.*) Les enveloppes charnues font celles des fruits à noyau (*Dupæ,*) les Pommes , (*Poma ,*) & les Bayes (*Baccæ.*)

On a d'abord donné le nom de Capfule en général à toute enveloppe qui devient féche par la maturité ; mais enfuite on l'a reftraint pour les fruits qui ont à leur centre, ou aux parois même, un *Placenta*, auquel font attachées les femences. Les Capfules s'ouvrent en différens fens. Parmi celles qui font d'une feule piéce, les unes s'ouvrent par le haut, comme la Linaire, le Mufle de Veau, l'Oreille de Souris, le Pavot, &c. D'autres par le bas, comme la Campanule, par l'abbaiffement de quelques valvules; & d'autres enfin, fuivant leur longueur. L'ouverture des Capfules de plufieurs piéces fe fait auffi différemment. Il y en a qui s'ouvrent longitudinalement, comme le Liferon, le Titimale, l'Ariftoloche, &c. Et d'autres tranfverfalement, comme *l'Anagallis*, l'Amarante, le Pourpier.

La Silique eft un fruit compofé de deux panneaux féparés par une cloifon mitoyenne à laquelle les femences font attachées. Ses panneaux tombent par la maturité, en fe f parant ou de haut en bas, ou de bas en haut. Ce qui diftingue la Silique de la Capfule & de la Goulfe, c'eft fa cloifon mitoyenne. Toute la Claffe des Fleurs en Croix en fournit l'exemple.

De la Silique.

La Goulfe eft proprement le fruit des Fleurs Légumineufes. Elle eft formée de deux panneaux nommés Coffes

De la Goulfe.

(*Valvæ*) qui se séparent par la maturité, & qui ont leurs semences attachées à la suture supérieure.

Du Cone.   Le Cone ressemble à un Sabot à jouer. C'est un assemblage d'écailles qui sont posées de façon à laisser un espace dans lequel les graines sont logées.

Les fruits à noyau se distinguenr aisément de tous les autres fruits charnus par le noyau qui est à leur centre.

Les Pommes sont des fruits dont les semences sont logées dans des capsules qui occupent le centre.

Les Bayes different des fruits à noyau & des Pommes, en ce que leurs graines sont placées çà & là dans la chair, ou le Parenchyme.

Division des Fleurs & des Classes, suivant la Méthode de M. TOURNEFORT.

M. TOURNEFORT a établi sa Méthode sur les Fleurs & sur les Fruits.

Il a fait vingt-deux Classes qu'il a divisées en Sections, & les Sections en Genre. On entend par Classe un assemblage de Genres qui ont un caractere commun, par lequel ils different de tous les autres Genres, soit pour la forme, soit pour la partie qui devient le fruit. Par Section, une division de la Classe tirée de quelque chose de commun dans le fruit , soit que le pistile devienne le fruit, soit que ce soit le calice ; la disposition des feuilles y sert aussi quelquefois. *Voyez* Classe X. Sect. IV. Et par Genre, un nombre de Plantes qui ont le même caractere.

On divise la Fleur en Fleur avec Pétales (*Flos Petalodes,*) & en Fleur sans Pétales , ou à Etamines (*Flos Apetalus.*)

La Fleur avec Pétales est celle qui , outre les étamines & les pistiles, a des feuilles nommées Pétales , qui ne deviennent point l'enveloppe de la semence , mais qui tombent après la fleuraison , comme dans la Linaire , la Renoncule, la Féve, le Cartame , la Paquerette, &c.

La Fleur sans Pétales , ou à Etamines, est celle dans laquelle le calice reste après la fleuraison, & devient l'enveloppe de la semence. Le pistile devient toujours le fruit.

On divise les Fleurs avec Pétales en simples, qui sont seules dans le calice , & en composées, qui sont plusieurs.

Des Fleurs simples.

On divife les Fleurs fimples en Monopétales (*Monepetali*) ou d'une feule piéce, & en Polipétales (*Polypetali*) ou de plufieurs piéces.

Les Fleurs Monopétales font ou régulieres, ou irrégulieres.

Des Fleurs Monopétales régulieres.

Les Fleurs Monopétales régulieres font les Fleurs en Cloche (*Campaniformes*,) & les Fleurs à Entonnoir (*Infundibuliformes*.)

La Fleur en Cloche eft ainfi nommée parce qu'elle reffemble à une Cloche. On y confidere fon fond, fon corps & fon entrée. On en diftingue de quatre fortes : 1°. Des Campaniformes, proprement dites, dont le fond, le corps & l'entrée, affez évafés, ont à peu près le même diamètre ; telles font les Fleurs de Campanule, de Belladone : 2°. Des Campaniformes tubulées, dont le fond eft étroit, & le corps allongé en forme de tuyau, comme la Fleur de Sceau Salomon : 3°. Des Campaniformes évafées, dont le fond eft beaucoup plus étroit que l'entrée : 4°. Enfin des

Premiere Claffe. Des Fleur en Cloche.

Campaniformes en Grelot, dont l'entrée eſt plus étroite que le corps & le fond.

La Fleur en Entonnoir reſſemble à un Entonnoir. Sa partie inférieure eſt un tuyau, & ſa partie ſupérieure ou eſt creuſée & forme un cone renverſé, ou applatie & forme un plan. Les Fleurs en Entonnoir ſe diviſent en Fleurs en Entonnoit, proprement dites, dont l'extrêmité ſupérieure eſt conique, & l'inférieure tubulée; telle eſt la Fleur de Viperine, de Jalap, &c. En Fleurs en Entonnoir, improprement dites, ou Hypocrateriformes, qui reſſemblent aux Soucoupes des Anciens, dont l'extrêmité ſupérieure n'eſt pas conique, mais applatie; telle eſt la Fleur de l'Androface, du Primevere, &c. Et en Fleurs en Molette, ou Roſette; telle eſt la Fleur de Bourroche, de Veronique, &c.

Des Fleurs Monopétales irrégulieres.

Les Fleurs Monopétales irrégulieres ſont de deux ſortes, des Fleurs en Maſque (*Perſonati*,) & des Fleurs Labiées (*Labiati*.)

 PREFACE.

Troiſiéme Claſſe.

Des Fleurs enMaſque.

Les Fleurs en Maſque, ainſi nommées, parce que la plûpart (*a*) reſſemblent au Mufle de certains animaux, ſe diſtinguent des Fleurs Labiées, parce que le piſtile devient une capſule diſtincte du calice.

Quatriéme Claſſe.

Des Fleurs Labiées.

La Fleur Labiée eſt terminé inférieurement par un tuyau, & ſupérieurement par un mufle à deux lévres, & quelquefois par une ſeule.

Le caractere de cette Claſſe conſiſte dans le piſtile qui devient un fruit formé de quatre ſemences qui meuriſſent dans leur calice, qui eſt d'une ſeule piéce, comme dans une capſule ; c'eſt ce qui la diſtingue des Fleurs en Maſque. Elle differe des Fleurs en Entonnoir, ou en Roſette, dont le piſtile laiſſe auſſi après lui quatre ſemences (telles que ſont la Bourroche, la Pulmonaire) en ce que la Fleur Labiée eſt terminée en devant par un mufle à deux lévres.

On pourroit ajouter à ces caracteres, que preſque toutes ces Plantes ſont aromatiques.

Les Fleurs Polipétales ſe diviſent,

(*a*) Il y a pluſieurs Plantes dont les Fleurs ont une forme encore différente, telles que l'Arum, la Digitale, la Scrophulaire, qui appartiennent auſſi à çette Claſſe par la nature de leur fruit.

comme les Monopétales , en régulieres
& en irrégulieres.

Des Fleurs Polipétales régulieres.

Les Fleurs Polipétales régulieres
font ou en Croix (*Cruciformes ,*) ou en
Rofe (*Rofacei ,*) ou en Œillet (*Caryo-phyllei ,*) ou en Lis (*Liliacei.*)

La Fleur en Croix eft celle qui eft
formée de quatre pétales difpofés en
Croix. Le calice eft toujours de quatre
piéces , & le piftile devient le fruit. Cinquiéme Claffe. Des Fleurs en Croix.

La Fleur en Rofe eft compofée de
plufieurs pétales difpofés en rond ,
comme dans la Rofe , &c. Le caractere
de cette Claffe dépend de la difpofition
des pétales , & non de leur nombre.
Dans la plûpart les pétales font au nombre de cinq , dans plufieurs de quatre ,
& dans quelques-unes de deux. Quand
la Fleur en Rofe n'a que quatre pétales ,
on la diftingue de la Fleur en Croix ,
parce que le nombre des pétales varie ,
au lieu que dans la Fleur en Croix il eft
conftamment de quatre. Sixiéme Claffe. Des Fleurs en Rofe.

La Fleur en Œillet eft compofée de
plufieurs pétales dont l'onglet eft caché
dans le calice , qui eft d'une feule piéce ,
& la feuille eft difpofée en rond au bord Huitiéme Claffe. Des Fleurs en Oeillet.

du calice, ainſi que l'on peut le voir dans l'Œillet.

Neuviéme
Claſſe.
Des Fleurs
en Lis.

La Claſſe des Fleurs en Lis, ainſi appellées parce qu'elles approchent de la Fleur de cette Plante, eſt compoſée de Fleurs Monopétales diviſées en ſix parties, de Fleurs à trois pétales, & de Fleurs à ſix pétales. Son caractere eſſentiel conſiſte dans le fruit, qui eſt diviſé en trois loges.

On peut ajouter à ce caractere que les feuilles ſont entieres, aſſez tendres, & les racines, pour la plûpart, charnues.

Des Fleurs Polipétales irrégulieres.

Les Fleurs Polipétales irrégulieres ſont les Fleurs en Ombelle (*Flores Umbellati,*) les Fleurs Légumineuſes ou Papilionacées (*Flores Papilionacei,*) & les Fleurs Polipétales irrégulieres, proprement dites, (*Flores Polypetali Anomali.*)

Septiéme
Claſſe.
Des Fleurs
en Ombel-
le.

La Fleur en Ombelle eſt une Fleur à cinq pétales diſpoſés en rond, comme la Fleur en Roſe ; mais elle en differe, parce que le calice devient un fruit compoſé de deux ſemences attachées enſemble pendant qu'elles ſont vertes,

&

& qui se séparent quand elles sont meu-
res. (*a*)

On peut ajouter à ces caracteres, que les graines de ces Plantes sont aromati-ques, les feuilles découpées, pour la plus grande partie, garnies, pour la plûpart, d'une gaîne au bas du pédicule, & les racines charnues, aromatiques & résineuses.

Cordus a donné le nom de Papilio-nacées aux Fleurs Légumineuses, à cause d'une sorte de ressemblance avec un Papillon. On y remarque quatre pétales dissemblables, dont le supérieur plus large se nomme Etendard (*Vexillum*,) les deux latéraux Aîles (*Alæ*,) & l'inférieur Nacelle (*Carina*.) Cette piéce se sépare le plus souvent en deux, selon sa longueur. Les Aîles & la Nacelle ont chacune une oreille par laquelle elles adhérent ensemble. Le caractere de cette Classe consiste dans les Etamines qui forment, par la réunion

Dixiéme Classe.

Des Fleurs Papiliona-cées ou Lé-gumineu-ses.

(*a*) La Fleur en Ombelle ne ressemble pas mal à la Fleur de Lis des Armoiries de France. Elle a cinq piéces, dont une grande & qui s'éleve au dessus des au-tres ; deux autres au-dessous moins grandes que la pre-miere, mais égales entr'elles ; & deux autres enfin plus petites que les précédentes, & aussi égales entr'elles.

de leurs filets, une gaîne dans laquelle est logé le piftile, qui devient par la fuite une Gouffe.

On peut ajouter à ces caracteres, que prefque toutes les feuilles font compofées de folioles rangées le long d'une côte, & terminées différemment.

Onziéme Claffe.
Des Fleurs Polipétales irrégulie-res, proprement dites.

Les Fleurs Polipétales irrégulieres, proprement dites, font compofées de plufieurs piéces diffemblables ; telles font les Fleurs de Balfamine, de Violette. La plûpart des genres de cette Claffe ont un Nectar qui, tantôt forme un éperon à la partie poftérieure de la Fleur, comme dans la Balfamine, tantôt un corps figuré, comme dans l'Aconit, &c.

Des Fleurs compofées.

Les Fleurs compofées font au nombre de trois. Les Fleurs à Fleurons (*Flores Flofculofi,*) les Fleurs à demi-Fleurons (*Flores femi-Flofculofi,*) & les Fleurs Radiées (*Flores Radiati.*)

Douziéme Claffe.
Des Fleurs à Fleurons.

La Fleur à Fleurons eft compofée de plufieurs Fleurons ramaffés dans un même calice. Le Fleuron eft une Fleur Monopétale en Entonnoir, évafée & découpée par le haut en plufieurs parties égales, rétrécies par le bas en forme de tuyau. Les Etamines, au nombre de cinq, se réunissent par leur sommet, & forment une gaîne enfilée par le pistile qui s'éleve au-dessus. Les embrions sont placés dans le fond du calice sur le réceptacle, & deviennent autant de semences ou ornées d'aigrettes, ou sans aigrettes.

La Fleur à demi-Fleurons est faite de plusieurs demi-Fleurons qui font un ou plusieurs rangs dans le calice, qui se renverse le plus souvent en meurissant. Le demi-Fleuron est une Fleur Mono-pétale dont la partie inférieure est un tuyau, & la partie supérieure est une languette terminée par plusieurs dents. Les Etamines, au nombre de cinq, se réunissent par leur sommet, comme dans la Classe précédente, pour former un canal qui est enfilé par le pistile. Les embrions placés dans le fond du calice sur le réceptacle deviennent autant de semences, tantôt nûes, tantôt ornées d'aigrettes, ou de feuilles, &c.

La Fleur radiée est celle qui est com-posée de Fleurons & de demi-Fleurons. L'assemblage des Fleurons occupe le centre, on le nomme Disc (*Discus*,) &

Marginalia:

Treiziéme Classe.

Des Fleurs à demi-Fleurons.

Quator-ziéme Classe.

Des Fleurs Radiées.

les demi-Fleurons font placés à la circonférence nommée Couronne (*Corona.*) Les Fleurons & les demi-Fleurons renfermés dans le calice pofent fur des embrions qui deviennent autant de femences, tantôt nûes, tantôt ornées d'aigrettes, ou de chapiteaux de feuilles. Plufieurs font logées dans des capfules, ou féparées par des paillettes attachées au réceptacle.

Des Fleurs fans Pétales, ou à Etamines.

Quinziéme Claffe.

Des Fleurs à Etamines.

La Fleur fans Pétales, ou à Etamines, n'a que des Etamines. Ce que l'on pourroit regarder comme Pétale ne l'eft pas, parce qu'il refte après la fleuraifon, & devient l'enveloppe de la femence. Le Piftile devient toujours le fruit.

Des Plantes qui n'ont point de Fleurs.

Seiziéme Claffe.

Des Plantes qui n'ont pas de Fleurs.

Il y a plufieurs Plantes qui n'ont pas de Fleurs, & qui cependant ont des femences. Les caracteres de ces Plantes font tirés de la figure des feuilles, & de la difpofition des graines fur les feuilles. (*a*)

(*a*) On ne peut s'empécher de convenir que ces chapiteaux portés fur des pédicules que l'on remarque dans le *Lichen petreus five Hepatica fontana* C. B. ne

Des Plantes dont on ne connoît ni les Fleurs , ni les Graines.

Cette Claſſe comprend les Mouſſes , &c. (a)

Dix-ſeptiéme Claſſe. Des Plantes qui n'ont ni Fleurs ni Graines.

Des Arbres & Arbriſſeaux à Fleurs & à Etamines.

Voyez ce qui a été dit à la Claſſe des Plantes dont la Fleur eſt à Etamine.

Dix-huitiéme Claſſe. Des Arbres à Fleurs à Etamines.

Des Arbres & Arbriſſeaux à Fleurs à Chatons.

On appelle à Chatons (*Flos Amentaceus ſeu Julus*) les Fleurs de certains Arbres qui ſont ordinairement diſpoſées ſur une queue ſemblable , en quelque maniere , à la queue d'un Chat. Ces Chatons ſont compoſés de Fleurs à Etamines dans certains Arbres , & de Fleurs à feuilles dans quelques autres. On en trouve même quelques-uns qui ne ſont qu'un amas de pluſieurs ſomets.

Dix-neuviéme Claſſe. Des Arbres à Fleurs à Chatons.

ſoient des Fleurs mâles , & que ces godets qui ſont implantés dans la feuille ne ſoient les Fleurs femelles.

(a) Il n'eſt pas vrai de dire que l'on ne connoiſſe ni les Fleurs , ni les Graines de ces Plantes , puiſque dans les Mouſſes on voit les fruits de toutes , & que dans la plûpart on ſemble diſtinguer les Fleurs à de petits godets placés au haut de la tige.

On ne connoît aucun Chaton qui porte du fruit, mais il y en a plufieurs qui naiffent fur le même pied qui produit le fruit, & quelques-autres qui naiffent fur des pieds différens des pieds qui portent les Chatons.

Nota. M. TOURNEFORT a fuivi dans la diftribution des Arbriffeaux un ordre inverfe à celui de la diftribution des Plantes. Il a commencé par les Fleurs à Etamines , & a continué le refte des divifions fuivant la nature des Fleurs : En Fleurs Monopétales régulieres qui font la vingtiéme Claffe ; en Fleurs Polipétales régulieres Rofacées, qui conftituent la vingt-uniéme Claffe ; & en Fleurs Polipétales irrégulieres Légumineufes , qui établiffent la vingt-deuxiéme & derniere Claffe.

APPROBATION.

VU l'Approbation de Messieurs BERNARD DE JUSSIEU ET CHOMEL, Docteurs-Régens en Médecine de la Faculté de Paris, nommés par Elle pour examiner un Manuscrit intitulé : *Catalogue des Plantes du Jardin de Messieurs les Apoticaires de Paris,* &c. Vû aussi l'Approbation de Messieurs BOURDELIN ET BESNIER, Professeur de Pharmacie ; je consens pour ladite Faculté que ledit Manuscrit soit imprimé, persuadé qu'il sera utile aux Etudians en Médecine, & aux Aspirans en Pharmacie. A Paris le 8 Juillet 1741. COLDEVILARS, *Doyen de la Faculté de Médecine de Paris.*

APPROBATION.

NOus soussignés Gardes en charge du Corps de l'Apoticairerie de Paris, commis par Messieurs les Anciens Gardes, pour examiner un Manuscrit intitulé : *Catalogue des Plantes de notre Jardin :* Certifions l'avoir lû & trouvé conforme aux Instituts de Botanique de M. TOURNEFORT, vû son augmentation, utile & nécessaire aux Aspirans en Pharmacie, requerons la réimpression. Fait en notre Bureau ce 12 Mars 1759.

TAXIL. TERRIER. BRONGNIARD.

CATALOGUE

CATALOGUE
DES PLANTES

Du Jardin de Messieurs les Apoticaires de Paris, suivant les caracteres des Fleurs, conformement à la Méthode de Monsieur TOURNEFORT, *dans ses Instituts.*

CLASSE PREMIERE.

Des Herbes à fleur d'une seule feuille réguliere, semblable en quelque maniere à une Cloche, à un Bassin, ou à un Godet.

SECTION PREMIERE.

Des Herbes à fleur en Cloche, dont le pistile devient un fruit mou, & assez gros.

ANDRAGORA fructu rotundo Assoupis-
C. B Pin. 169. *Mandragora* sante.
mas J. B. 3. 617.
La Mandragore mâle.

Mandragora flore subcæruleo purpurascente Item.

A

C. B. Pin. 169. *Mandragora fœminâ*
J. B. 3. 618.
La Mandragore femelle.

Assoupis-　Belladona majoribus foliis & floribus *T. Inst.*
sante.　　　 77. *Solanum melanocerasus C. B. Pin.*
　　　　　166.
　　　　La Belladone.

Section II.

Des Herbes à fleur en Cloche , ou en
Grelot , dont le pistile devient un fruit
mou & assez petit.

Antispas-　Lilium convallium album *C. B. Pin.*
modique.　　 Le Muguet , ou le Lis des vallées.

Vulnérai-　Polygonatum latifolium vulgare *C. B. Pin.*
re astrin-　　 303. *Polygonatum vulgò Sigillum Salo-*
gente.　　　 *monis J. B. 3. 529.*
　　　　Le Sceau de Salomon.

Apéritive.　Ruscus Myrtifolius , aculeatus *T. Inst.* 79.
　　　　 Ruscus sive Bruscus Ger. 759.
　　　　Le petit Houx , Bouis piquant , Houx-
　　　　 frelon.
Item.　　Ruscus latifolius , fructu folio innascente *T.*
　　　　 Inst. 79. *Laurus Alexandrina J. B. 1.*
　　　　 574.
　　　　Le Laurier Alexandrin à larges feuilles.
Item.　　Ruscus angustifolius , fructu summis ramulis
　　　　 innascente *T. Inst.* 79.
　　　　Le Laurier Alexandrin à feuilles étroites,

SECTION III.

Des Herbes à fleur en Cloche, dont le piſtile devient un fruit ſec , qui n'a qu'une ſeule cavité dans quelques genres , & qui eſt partagé en cellules dans quelques-autres.

Smilax viticulis aſperis Virginiana , folio Hederaceo leni , Zarca nobiliſſima *Plukn.* Sudorifique.
    La Salſepareille.

Gentiana major , lutea *C. B. Pin.* 187. Fébrifuge.
    La Gentiane.

Gentiana cruciata *C. B. Pin.* 188. Item.
    La Gentiane croiſette.

Convolvulus major , albus *C. B. Pin.* 294. Purgative.
    Smilax lævis , major Dod. Pempt. 392.
    Le grand Liſeron.

Convolvulus minor , arvenſis , flore roſeo Item.
    C. B. Pin. 294. *Helxine ciſſampelos multis , ſive convolvulus minor J. B.* 2. 157.
    Le petit Liſeron.

Convolvulus maritimus , noſtras , rotundi- Item.
    folius *Mor. Hiſt. Oxon. part.* 2. 11.
    Braſſica marina ſive Soldanella J. B. 2. 166.
    La Soldanelle, ou Chou marin.

Convolvulus Syriacus , & Scammonia Sy- Item.
    riaca *Mor. Hiſt. Oxon. part.* 2. 12.
    La Scammonée de Syrie.

Tithymalus latifolius Cataputia dictus *H. L. Bat. Lathyris major C. B. Pin.* 293.
    L'Epurge.

Purgative. Tithymalus paluftris fruticofus *C. B. Pin.*
252. Efula major Dod. Pempt. 374.
La grande Efule.

Item. Tithymalus Cypariffias *C. B. Pin. 291.*
Efula officinarum Cæfalp 374.
La petite Efule.

Apéritive. Glaux maritima *C. B. Pin. 215.*
L'Herbe à lait.

Rafraî- Oxys flore albo *T. Inft. 88. Trifolium aceto-*
chiffante. *jum vulgare, Lujula, Alleluia offic. Merc.*
Bot. 1. 74.
L'Alleluia à fleur blanche.

Item. Oxys lutea *J. B. Trifolium acetofum, cornicu-*
latum C. B. Pin. 330.
L'Alleluia à fleur jaune.

SECTION IV.

Des Herbes à fleur en Cloche, dont le
piftile ne laiffe après lui qu'une feule
femence.

Purgative. Rhabarbarum folio oblongo, crifpo, undu-
lato, flagellis fparfis *Gerb.*
La Rubarbe.

Item. Rhabarbarum fortè Diofcoridis & antiquo-
rum *T. Inft. 89. Rhaponticum, Profp.*
Alp. exot. 187.
Le Rapontic.

SECTION V.

Des Herbes à fleur en Cloche, ou en Baſſin, dont le piſtile devient un fruit à gaines.

Cotyledon major *C. B. Pin.* 285. *Cotyledon, Umbilicus Veneris Cluſ. Hiſt.* lxiij   Rafraî-chiſſante.
     Le Nombril de Venus.

Cotyledon radice tuberoſâ longâ repente   Item.
     Mor. Hort. B. Bl. 257.
     Le Nombril de Venus à fleurs jaunes.

Apocynum majus, Syriacum, rectum, caule   Purgative.
     viridi, flore ex albido *H. R. P.*
     L'Apocin qui porte la Houette.

Periploca Monſpeliaca, foliis rotundioribus   Item.
     T. Inſt. 93. *Scammonea Monſpeliaca, flore parvo J. B.* 2. 130.
     La Scamonée de Montpellier.

Aſclepias albo flore *C. B. Pin.* 303. *Vinceto-*   Sudorifí-que.
     xicum Dod. Pempt. 407.
     Le Dompte-venin.

SECTION VI.

Des Herbes à fleur en Cloche, du fond deſquelles s'éleve un tuyau, & dont le piſtile devient un fruit compoſé de pluſieurs capſules, ou diviſé en pluſieurs loges.

Malva vulgaris, flore majore, folio ſinuato   Emollien-te.
     J. B. 2. 949.
     La grande Mauve.

Emollien- Malva vulgaris, flore minore, folio rotundo
te.   *J. B.* 2. 949.
     La petite Mauve.
Item. Malva rosea, folio subrotundo, flore can-
       dido *C. B. Pin.* 315.
     La Mauve-rose, d'outre-mer, ou de Tremier.
Item. Malva foliis crispis *C. B. Pin.* 315.
     La Mauve frisée.
Item. Althæa maritima, arborea Veneta *T. Inst.*
       97. *Malva arborea* J. B. 2. 952.
     La Mauve en arbre.
Item. Althæa Dioscoridis & Plinii *C. B. Pin.* 315.
       Althæa sive Bismalva J. B. 2. 954.
     La Guimauve ordinaire.
Item. Alcea vulgaris, major, flore ex rubro roseo
       C. B. Pin. 316.
     L'Alcée.
Item. Abutilon *Dod. Pempt.* 656. *Althæa Theo-*
       phrasti, flore luteo C. B. Pin. 316.
     La Mauve des Indes, fausse Guimauve.
Item. Ketmia vesicaria, vulgaris *T. Instit.* 101.
       Alcea vesicaria C. B. Pin. 317.
     La Ketmie.
Item. Xylon sive Gossypium herbaceum *J. B.* 1.
       343.
     Le Cotton.

SECTION VII.

Des Herbes à fleur en Cloche, ou en Bas-
sin, dont le calice devient un fruit charnu
dans presque tous les genres.

Purgative. Bryonia aspera sive alba, baccis rubris *C. B.*
       Pin. 397.
     La Coulevrée, Brione, ou Vigne blanche.

Tamnus racemofa, flore minore, luteo pal- Réfolutive
lefcente *T. Inft.* 103. *Bryónia lævis five
nigra racemofa C. B. Pin.* 297.
  Le Seau de Notre-Dame, ou Racine-
  Vierge.

Momordica vulgaris *T. Inft.* 103. *Balfamina* Vulnérai-
  rotundifolia, repens, five mas C. B. Pin. re déterfi-
  306. ve.
  La Pomme de merveille.

Cucumis fylveftris, Afininus dictus *C. B.* Purgative.
  Pin. 314.
  Le Concombre fauvage.

Cucumis fativus vulgaris, maturo fructu Rafraî-
  fubluteo *C. B. Pin.* 310. chiffante.
  Le Concombre ordinaire.

Melo vulgaris *C. B. Pin.* 310. Item.
  Le Melon.
Pepo oblongus *C. B. Pin.* 311.
  La Citrouille. Item.
Melopepo compreffus, *C. B. Pin.* 312. Item.
  Le Potiron.
Anguria Citrullus dicta *C. B. Pin.* 312. Item.
  Le Melon d'eau, ou Pafteque.
Cucurbita lagenaria, flore albo, folio molli Item.
  C. B. Pin. 313.
  La Courge, ou Calebaffe.

Colocynthis fructu rotundo, major *C. B.* Purgative.
  Pin. 313.
  La Coloquinte ordinaire.

S E C T I O N VIII.

Des Herbes à fleur en Cloche , dont le calice devient un fruit sec.

Apéritive. Campanula radice esculentâ , flore cæruleo *H. L. Bat. Rapunculus esculentus C. B. Pin. 92.*
La Raiponce.

Résoluti-
ve. Campanula vulgatior, follis Urticæ , vel major & asperior *C. B. Pin. 94. Trachelium majus sive Cervicaria Merc. Bot. 1. 73.*
La Campanule gantelée , ou Gand de Notre-Dame.

Apéritive. Rapunculus spicatus *C. B. Pin. 92.*
La Raiponce sauvage.

S E C T I O N IX.

Des Herbes à fleur en Godet , dont le calice devient un fruit à deux piéces attachées au même endroit.

Item. Rubia tinctorum sativa *C. B. Pin. 333.*
La Garance.

Item. Rubia sylvestris , Monspessulana , major *J. B. 3. 715.*
La Garance sauvage.

Item. Aparine vulgaris *C. B. Pin. 334.*
La Rieble ou Gratteron.

Item. Aparine latifolia , humilior, montana *T. Inst. 114. Asperula sive Rubeola montana , odora C. B. P. 334.*
L'Hepatique des bois.

Antispas- Gallium luteum *C. B. Pin. 335.*
modique. Le Caille-lait jaune.   Gallium

Gallium album, vulgare *T. Inst.* 115. *Mol-* Antispaf-
lugo montana , latifolia , ramosa *C. B.* modique.
Pin. 334.
   Le Caille-lait blanc.
Cruciata hirsuta *C. B. Pin.* 335. Vulnéraire
   La Croisette velue. apéritive.
Cruciata alpina , latifolia, lævis *T. Inst.* 115. Item.
   La grande Croisette.

CLASSE II.

Des Herbes à fleur d'une seule feuille réguliere semblable , en quelque maniere, à un Entonnoir , à une Soucoupe, ou à un Godet.

SECTION PREMIERE.

Des Herbes à fleur en Entonnoir , & dont le pistile devient le fruit.

MEnyanthes palustre, latifolium & try- Antiscor-
phyllum *T. Inst.* 117. *Trifolium fibri-* butique.
num Germanorum *Raij Hist.* 1090.
   Le Meniante ou Trefle d'eau.
Nicotiana major , latifolia *C. B. Pin.* 169. Purgative.
   Petum sive Tabacum Pis. 206.
   La Nicotiane, Tabac , Petun.
Nicotiana minor *C. B. Pin.* 170. Item.
   L'Herbe à la Reine.
Hyoscyamus vulgaris , vel niger *C. B. Pin.* Assoupif-
   169. fante.
   La Jusquiame ou Hannebane , Potelée.

Assoupiſ- Hyoſcyamus minor , albo ſimilis , umbilico
ſante.   floris atro-purpureo *T. Corol. Inſt.* 3.
      La Juſquiame du Levant.

Item.   Stramonium fructu ſpinoſo , rotundo , flore
      albo, ſimplici *T. Inſt.* 118.
      La Pomme épineuſe.

Item.   Stramonium ferox *Bocc.* 50. *Datura fructu
      ſpinoſiſſimo Gart. ab Hort.* 1.
      La Pomme épineuſe du Perou.

Vulnérai- Pervinca vulgaris , latifolia , flore cæruleo
re aſtrin-   *T. Inſt.* 119. *Vinca , Pervinca ſive Cle-
gente.   matis Daphnoides Cod. Med.* cxx.
      La grande Pervenche.

Item.   Pervinca vulgaris anguſtifolia , flore cæruleo
      T. Inſt. 120. *Vinca , Pervinca vulgaris
      Park. Theatr.* 340.
      La petite Pervenche.

Item.   Auricula Urſi , flore luteo *J. B.* 3. 492.
      L'Oreille d'Ourſe.

Fébrifuge. Centaurium minus *C. B. Pin.* 278.
      La petite Centaurée.

SECTION II.

*Des Herbes à fleur en Soucoupe, ou en
Roſette, dont le piſtile devient le fruit.*

Antiſpaſ- Primula veris odorata , flore luteo , ſimplici
modique.   *J. B.* 3. 495 *Herba paralyſis Brunſ.*
      La Primevere ou Primerole.

Item.   Primula veris , rubro flore *Cluſ. Hiſt.* 300.
      La Primevere des Jardins.

Vulnérai- Plantago , latifolia ſinuata *C. B. Pin.* 189.
re aſtrin-   *Plantago major Dod. Pempt.* 107.
gente.   Le grand Plantin.

Plantago latifolia, incana *C. B. Pin.* 189. Vulnérai-
    Plantago media Dod. Pempt. 107.   re astrin-
    Le Plantin moyen.   gente.

Plantago angustifolia, major *C. B. Pin.* 189.   Item.
    Plantago quinque nervia Raij Hist. 1.
    877.
    Le Plantin à cinq nerfs.

Coronopus Hortensis *C. B. Pin.* 190.   Item.
    La Corne de Cerf.

Psyllium Dioscoridis vel Indicum , foliis cre-   Relâchan-
    natis *C. B. Pin.* 191.   te.
    L'Herbe aux Puces, annuelle.

Psyllium majus , supinum *C. B. Pin.* 191.   Item.
    L'Herbe aux Puces , vivace.

SECTION III.

Des Herbes à fleur en Entonnoir , dont le
calice devient le fruit , ou dont le calice
enveloppe le fruit.

Jalapa officinarum fructu rugoso *T. Inst.* Purgative.
    130.
    Le Jalap , ou Belle-de-Nuit.

Rubeola vulgaris, quadrifolia lævis, floribus   Résoluti-
    purpurascentibus *T. Inst. Rubia Cynan-*   ve.
    chica C. B. Pin. 333.
    La petite Garance , ou l'Herbe à l'Esqui-
    nancie.

Trachelium azureum , umbelliferum *Pon.*   Item.
    Bald. Ital. 44.
    L'Herbe aux Trachées.

Valeriana hortensis Phü, folio olusatri Dios-   Emmena-
    coridis *C. B. Pin.* 164.   gogue.
    La grande Valeriane.

Emmena-   Valeriana fylveftris, major *C. B. Pin.* 164;
gogue.   La Valeriane fauvage.

Item.   Valeriana paluftris, minor *C. B. Pin.*
          La petite Valeriane.

Rafraichif- Valerianella Arvenfis, præcox, humilis, fe-
fante.   nine compreffo *Mor. Umb.*
          La Mache, Blanchette, Poule graffe,
          Salade de Chanoine.

S E C T I O N I V.

*Des Herbes à fleur en Entonnoir, en
Baffin, ou en Mollette, & dont le
piftile eft compofé de quatre embrions,
qui deviennent autant de femences renfermées dans le calice de la fleur.*

Bechique   Borrago floribus cæruleis *J. B.* 3. 574.
incifive.   La Bourache.

Item.   Bugloffum latifolium femper virens *C. B.
          Pin.* 256.
          La Buglofe vivace.

Item.   Bugloffum anguftifolium, majus, flore cæru-
          leo *C. B. Pin.* 256.
          La Buglofe ordinaire.

Item.   Bugloffum fylveftre, minus *C. B. Pin.* 256.
          La Buglofe fauvage.

Item.   Bugloffum radice rubrâ, five Anchufa vul-
          gatior, floribus cæruleis *T. Inft.* 134.
          L'Orcanette.

Item.   Afperugo vulgaris *T. Inft.* 135.
          La Rapette ou Portefeuille.

Item.   Echium vulgare *C. B. Pin.* 254.
          La Viperine, ou Herbe aux Viperes.

Pulmonaria Italorum ad Buglossum accedens   Bechique
    J. B. 3. 595.   incisive.
    La Pulmonaire d'Italie.

Pulmonaria Alpina, foliis mollibus, subro-   Item.
    tundis, flore cæruleo *T. Inst.* 136.
    La Pulmonaire des Alpes.

Pulmonaria foliis Echii *Lob. Icon.* 586.   Item.
    La Pulmonaire à feuilles étroites.

Lithospermum majus, erectum *C. B. Pin.* Apéritive.
    258. *Lithospermum sive Milium solis*
    J. B. 3. 590.
    Le Gremil, Herbe aux Perles.

Lithospermum minus, repens, latifolium   Item.
    C. B. Pin. 258.
    Le Gremil rampant.

Symphytum Consolida major, flore purpu- Vulnérai-
    reo, quæ mas *C. B. Pin.* 259.   re astrin-
    La grande Consoude.   gente.

Heliotropium majus Dioscoridis *C. B. Pin.* Vulnéraire
    253.   déterfive.
    L'Herbe aux Verrues.

Cynoglossum majus, vulgare *C. B. Pin.*   Item.
    257.
    La Langue de Chien.

Omphalodes pumila, verna, Symphiti folio Item.
    T. Inst. 140. *Symphitum minus, Borra-*
    ginis facie C. B. Pin. 259.
    La petite Bourrache.

Section V.

Des Herbes à fleur d'une seule piece en Entonnoir , dont le piſtile ne laiſſe après lui qu'une seule ſemence.

Vulnéraire déterſive. Plumbago quorumdam *T. Inſt.* 140 , *Lepidium Dentellaria dictum C. B. P.* 57.
La Dentelaire , Herbe au Cancer.

Section VI.

Des Herbes à fleur en Roſette , dont le piſtile devient un fruit dur & ſec.

Vulnéraire aſtringente. Lyſimachia lutea major , quæ Dioſcoridis *C. B. Pin.* 245.
La Corneil.

Item. Lyſimachia humifuſa , folio rotundiore flore luteo *T. Inſt.* 141. *Nummularia ſive Centimorbia J. B.* 3. 370.
La Nummulaire, ou l'Herbe aux Ecus.

Vulnéraire apéritive. Anagallis phœniceo flore *C. B. Pin.* 252. *Anagallis mas Dod. Pempt.* 32.
Le Mouron mâle.

Item. Anagallis cœruleo flore *C. B. Pin.* 252. *Anagallis fœmina Dod. Pempt.* 32.
Le Mouron femelle.

Antiſcorbutique. Samolus Valerandi *J. B.* 3. 791. *Anagallis aquatiqua , folio rotundo , non crenato C. B. Pin.* 252.
Le Mouron d'eau.

Diurétique. Veronica mas , ſupina , & vulgatiſſima *C. B. Pin.* 246.
La Véronique mâle, Thé d'Europe.

Veronica supina , facie Teucrii pratensis   Diuréti-
   Lob. Icon. 473. Chamædris spuria angusti-   que.
   folia J. B. 3. 285.
   La Véronique des Prés.
Veronica minor , foliis imis rotundioribus   Item.
   Mor. Hist. Oxon. Part. 2. 220. Chamœ-
   dris spuria , latifolia J. B. 3. 286.
   La Véronique des Bois.
Veronica spicata minor C. B. Pin. 247.   Item.
   La Véronique à Epi.
Veronica aquatica , major , folio subrotundo   Antiscor-
   Mor. Hist. Oxon. part. 2. 322. Beca-   butique.
   bunga Rivin. irr. M. 100.
   Le Becabunga à feuilles rondes.
Veronica aquatica , major , folio oblongo   Item.
   Mor. Hist. Oxon. Part. 2. 323. Berula
   major Tabern. Icon. 719.
   Le Becabunga à feuilles longues.
Chrysosplenium foliis amplioribus auriculatis Apéritive.
   T. Inst. 146. Saxifraga aurea Dod. Pempt.
   316.
   La Saxifrage dorée.
Polemonium vulgare , cæruleum T. Inst. Vulnéraire
   146. Valeriana Græca Dod. Pempt. apéritive.
   352.
   La Valeriane Greque.
Verbascum mas latifolium luteum C. B. Pin. Emollien-
   239. Tapsus Barbatus Ger. 629.   te.
   Le Bouillon blanc mâle , Molêne.
Verbascum fœmina, flore luteo magno C. B.   Item.
   Pin. 239.
   Le Bouillon blanc femelle.
Blattaria lutea , folio longo , laciniato C. B.   Item.
   Pin. 240.
   L'Herbe aux Mites.

S E C T I O N VII.

Des Herbes à fleur en Rosette, ou en Godet, dont le pistile devient un fruit mou & charnu.

Assoupis-　Solanum officinarum acinis nigricantibus
sante.　　　　C. B. Pin. 166.
　　　　　　La Morelle à fruit noir.

Diuréti-　Solanum scandens, seu Dulcamara C. B.
que apéri-　　Pin. 167.
tive.　　　　La Morelle grimpante, ou Vigne sauvage.

Résolu-　Solanum tuberosum esculentum C. B. Pin.
tive.　　　　167. *Battata Virginiana Park. Theatr.*
　　　　　　1383.
　　　　　　La Pomme de Terre, ou Battate de Vir-
　　　　　　ginie.

Assoupis-　Lycopersicon Galeni, Ang. 217. *Poma Amo-*
sante.　　　*ris major, fructu rubro Park. Theatr.*
　　　　　　La Pomme d'Amour.

Diuréti-　Alkekengi officinarum *T. Inst.* 151. *Sola-*
que.　　　*num vesicarium C. B. Pin. 166. Halica-*
　　　　　cabrum Ger. 271.
　　　　　　Le Coqueret.

Assoupis-　Melongena fructu oblongo, violaceo *T. Inst.*
sante.　　　151. *Mala insana Dod. Pempt. 458.*
　　　　　　La Mayenne, ou Aubergine.

Stomachi-　Capsicum siliquis longis, propendentibus
que.　　　　*T. Inst.* 152. *Piper Indicum, vulgatissi-*
　　　　　mum C. B. Pin. 102.
　　　　　　Le Piment, ou Poivre d'Inde.

Cyclamen

Cyclamen orbiculato, circumroſo folio, ſub- Purgative.
tus rubente, odoratiſſimo flore carneo,
Corcyræum *H. R. P. Panis Porcinus ,*
Rapum terræ , & Arthanita Lob. Icon.
604.
Le Pain de Pourceau.

Moſchatellina foliis Fumariæ bulboſæ *J. B.* Vulnéraire
L'Herbe muſquéé. déterſive.

SECTION VIII.

Des Herbes à fleur en Roſette, dont le
calice devient le fruit.

Pimpinella ſanguiſorba, minor, hirſuta *C. B.* Vulnéraire
Pin. 160. apéritive.
La Pimprenelle.

CLASSE III.

Des Herbes à fleur d'une ſeule feuille
irréguliere, que l'on appelle fleur en
Maſque.

SECTION PREMIERE.

Des Herbes à fleur d'une ſeule feuille
irréguliere, coupée en Cornet, ou en
Capuchon, & dont les jeunes fruits ſont
attachés au bas du piſtile.

ARum vulgare non maculatum *C. B. Pin.* Apéritive.
195.
Le Pied de Veau.

Apéritive. Arum venis albis , Italicum , maximum
          H. R. P.
          Le Pied de Veau d'Italie.
Item.   Dracunculus Polyphyllus *C. B. P.* 195.
          Dracontium Dod. Pempt. 329.
          La Serpentaire.

SECTION II.

Des Herbes à fleur en tuyau irrégulier,
coupé en Languette, & dont le calice
devient le fruit.

Emmena-   Ariſtolochia rotunda flore ex purpurâ nigro
gogue.   *C. B. Pin.* 307.
          L'Ariſtoloche ronde.
Item.   Ariſtolochia longa vera *C. B. Pin.* 307.
          L'Ariſtoloche longue.
Item.   Ariſtolochia Clematitis recta *C. B. Pin.* 307.
          L'Ariſtoloche Clematite.
Item.   Ariſtolochia Clematitis ſerpens *C.B. P.* 307.
          L'Ariſtoloche petite.

SECTION III.

Des Herbes à fleur en tuyau irrégulier,
ouvert par les deux bouts, & dont le
piſtile devient le fruit.

Purgative. Digitalis purpurea *J. B.* 2. 812.
          La Digitale.
Item.   Digitalis minima, Gratiola dicta *Mor. Hiſt.*
          Oxon. Part. 2. 479. *Gratiola , Gratia*
          Dei Chab. 475.
          La Gratiole , Herbe à pauvre homme.

Scrophularia nodosa fœtida *C. B. Pin.* 225. Résoluti-
   La grande Scrophulaire. ve.
Scrophularia aquatica major *C. B. Pin.* 235. Item.
   Betonica aquatica Ger. 579.
   La Betoine d'eau, ou l'Herbe du Siege.

SECTION IV.

*Des Herbes à fleur en tuyau irrégulier,
ouvert dans le fond, terminé & comme
formé en devant par un Mufle à deux
mâchoires.*

Antirrhinum vulgare *J. B.* 3. 462. Anti-Hyf-
   Le mufle de Veau. terique.

Linaria vulgaris, lutea, flore majore *C.B.P.* Diuréti-
   212. que.
   La Linaire commune ou Lin fauvage.
Linaria capillaceo folio, odora *C. B. Pin.* Item.
   213.
   La petite Linaire.
Linaria fegetum Nummulariæ folio villofo Vulnéraire
   T. Inft. 269. *Veronica fœmina Fufchfii* apéritive.
   five Elatine Dod. Pempt. 42.
   La Veronique femelle, Velvote.
Linaria Hederaceo folio glabro feu Cym- Vulnérai-
   balaria vulgaris *T. Inft.* 169. re aftrin-
   La Cymbalaire. gente.

Euphrafia Officinarum *C. B. Pin.* 215. Ophthal-
   L'Euphraife. mique.

Polygala vulgaris *C. B. Pin.* 215. Sudorifi-
   Le Poligala. que.

SECTION V.

Des Herbes à fleur irréguliere, terminée en bas par un anneau.

Emolliente, — Acanthus fativus vel mollis Vergilii *C. B. Pin.* 383. *Carduus Acanthus five Branca-Urfina J B.* 3. 75.
L'Acante, Branc-urfine.

Item. — Acanthus rarioribus & brevioribus aculeis munitus *T. Inft.* 176.
L'Acante fauvage.

CLASSE IV.

Suite des Herbes à fleur d'une feule feuille irréguliere, que l'on appelle proprement des fleurs en Gueule.

SECTION PREMIERE.

Des Herbes à fleur en Gueule, dont la levre fupérieure eft en cafque ou en faucille.

Vulnéraire déterfive. — PHlomis fruticofa Salviæ folio latiore & rotundiore *T. Inft.* 177. *Verbafcum latis Salviæ foliis C. B. Pin.* 240.
Le Bouillon fauvage, Sauge en arbre.

Stomachique. — Hormium comâ purpuro-violaceâ *J. B.* 3. 309.
L'Ormin.

Item. — Horminum fylveftre latifolium verticillatum *C. B. Pin.* 238.
L'Ormin fauvage.

Sclarea *Tabern. Icon.* 373. *Orvala Dod. Pempt.* 292.

> La Toute-Bonne , Orvale.

Stomachique.

Sclarea pratensis , foliis serratis , flore cœruleo *T. Inst.* 179.

> La Toute-Bonne des prez.

Item.

Salvia major an Sphacelus Theophrasti *C. B. Pin.* 237.

> La grande Sauge.

Item.

Salvia minor , aurita & non aurita *C. B. Pin.* 237.

> La petite Sauge , Sauge franche.

Item.

Salvia folio tenuiore *C. B. Pin.* 237.

> La Sauge de Catalogne.

Item.

Cassida palustris , vulgatior , flore cæruleo *T. Inst.* 182. *Scutellaria aquatica, vulgo Tertianaria dicta H. L. Bot.*

> La Toque, ou Centaurée bleue.

Fébrifuge.

Brunella major , folio non dissecto *C. B. Pin.*

> La Brunelle.

Vulnéraire astringente.

SECTION II.

Des Herbes à fleur en Gueule , dont la lévre supérieure est creusée en Cueilleron.

Lamium vulgare , album sive Archangelica , flore albo *Park. Theat.* 604. *Galeopsis sive Urtica iners, floribus albis J. B.* 3. 322.

> L'Ortie blanche.

Item.

Emmena- Moldavica Betonicæ folio , flore cærulco
gogue.   *T. Inst.* 184. *Melissa Moldavica , flore*
              cæruleo , Ejst.
          La Melisse de Moldavie.
Item.   Ballote *Math.* 825.   *Marrubium nigrum ,*
              fœtidum , Ballote Dioscoridis C. B. Pin.
              230.
          Le Marrube noir.
Item.   Galeopsis procerior, fœtida, spicata *T. Inst.*
              185.
          L'Ortie morte des Bois.
Item.   Galeopsis five Urtica iners, flore luteo *J. B.*
              3. 323.
          L'Ortie morte à fleur jaune.
Item.   Galeopsis palustris , Betonicæ folio , flore
              variegato *T. Inst.* 185.
          L'Ortie morte des Marais.
Item.   Stachys major , Germanica *C. B. Pin.*
              236.
          Le Stachys , ou Epi fleuri.
Cordiale. Cardiaca *J. B.* 3. 320.
          L'Agripaume.
Item.   Molucca lævis *Dod. Pempt.* 92.   *Melissa*
              Mollucana, odorata C. B. Pin. 229.
          La Melisse des Moluques.
Item.   Molucca spinosa *Dod. Pempt.* 92. *Melissa*
              Moluccana fœtida C. B. Pin. 229.
          La Moluque épineuse.
Vulnéraire Pseudo dictamnus verticillatus, inodorus *C.*
apéritive.   *B. Pin.* 222.
          Le faux Dictame.
Stomachi- Mentha rotundifolia , crispa, spicata *C. B.*
que.   *Pin.* 227.
          La Menthe frisée.

Mentha anguftifolia, fpicata *C. B. Pin.* 227.   Stomachi-
  La Menthe d'Angleterre.   que.

Mentha fpicis brevibus & habitioribus, foliis   Item.
  Menthæ fufcæ, fapore fervido Piperis
  Raij Synopf. 124.
  La Menthe citronnée.

Mentha rotundifolia paluftris, feu aquatica   Item.
  major *C. B. Pin.* 227. *Mentha aqua-*
  tica five Sifymbrium J. B. 3. 228.
  La Menthe aquatique.

Mentha fylveftris rotundiore folio *C. B. Pin.*   Item.
  227. *Menthaftrum Dod. Pempt.* 96.
  La Menthe fauvage, ou Menthaftre.

Mentha hortenfis, verticillata, Ocimi odore   Item.
  C. B. Pin. 227. *Mentha fufca five vulga-*
  ris Raij Synopf. 3. 232.
  La Menthe de Jardin, ou Baume.

Mentha arvenfis, verticillata, hirfuta *J. B.*   Item.
  3. 217. *Mentha, feu Calamintha aqua-*
  tica Raij Synopf. 3. 232.
  Le Calament des Marais.

Mentha aquatica, feu Pulegium vulgare   Item.
  T. Inft. 189. *Pulegium latifolium C. B.*
  Pin. 222.
  Le Pouliot à larges feuilles.

Mentha aquatica, Satureiæ folio *T. Inft.* 190.   Item.
  Pulegium Cervinum anguftifolium J. B.
  3. 257.
  Le Pouliot à feuilles étroites.

Lycopus paluftris, villofus *T. Inft.* 191.   Vulnerai-
  Marrubium paluftre, hirfutum C. B. Pin.   re aftrin-
  230.   gente.
  Le Marrube aquatique.

SECTION III.

Des Herbes à fleur en Gueule, dont la lévre supérieure est retroussée.

Vulnérai-
re astrin-
gente.
Sideritis hirsuta, procumbens *C. B. Pin.* 233.
La Crapaudine.

Emmena-
gogue.
Marrubium album, vulgare *C. B. Pin.* 230.
*Marrubium sive Prassium album Tabern.
Icon.* 539.
Le Marrube blanc.

Item.
Melissa hortensis *C. B. Pin.* 229.
La Melisse, Citronelle.

Vulnéraire
apéritive.
Melissa humilis, latifolia, maximo flore pur-
purascente *T. Inst.* 193. *Melissophyllum
Rivin. M. Irr.*
La Melisse des Bois.

Emmena-
gogue.
Calamintha vulgaris vel officinarum Germaniæ *C. B. Pin.* 228.
Le Calament.

Item.
Calamintha Pulegii odore sive Nepeta *C. B.
Pin.* 228.
Le Calament à odeur de Pouliot.

Item.
Calamintha Montana, flore magno, ex calice
longo *J. B.* 3. 229.
Le grand Calament de Montagne.

Bechique
incisive.
Calamintha humilior, rotundiore folio *T. Inst.
Chamæcissus sive Hedera terrestris J. B.*
3. 855.
Le Lierre terrestre.

Emmena-
gogue.
Calamintha frutescens, Satureiæ folio, facie,
& odore *T. Inst.* 194. *Satureia Montana
C. B. P.* 218.
La Sariette de Montagne.

Clinopodium

Clinopodium Origano simile, elatius, majore folio *C. B. Pin.* 225.
  Le grand Basilic sauvage.
Clinopodium Arvense, Ocimi facie *C. B. Pin.* 225. *Acinos multis J. B. 3. 259.*
  Le petit Basilic sauvage.
Rosmarinus hortensis, angustiore folio *C. B. Pin.* 217.
  Le Romarin.
Thymus capitatus, qui Dioscoridis *C. B. Pin.* 219. *Thymum Creticum sive antiquorum J. B. 3. 262.*
  Le Thim de Crête.
Thymus vulgaris, folio latiore *C. B. Pin.* 219.
  Le Thim à larges feuilles.
Thymus vulgaris folio tenuiore *C. B. Pin.* 219.
  Le Thim commun.
Serpillum vulgare, majus, flore purpureo *C. B. Pin.* 220.
  Le grand Serpolet.
Serpillum vulgare, minus *C. B. Pin.* 220.
  Le petit Serpolet.
Serpillum foliis Citri odore *C. B. Pin.* 220.
  Le Serpolet citroné.
Satureia sativa *J. B. 3. 272.*
  La Sariette.
Satureia floribus in summitate dispositis *H. L. Bat. Serpentaria Virginiana Bocc. Muf.* 161.
  La Serpentaire de Virginie, ou Colubrine.
Thymbra legitima *Cluf. Hift.* 358. *Satureia Cretica C. B. Pin.* 218.
  La Sariette de Crête.

Vulnéraire astringente.

Item.

Stomachique.

Bechique incisive.

Item.

Item.

Emmenagogue.

Item.

Item.

Item.

Item.

Item.

D

Emmena- Thymbra Sancti Juliani, sive Satureia vera *Lob.*
gogue.   *Icon.* 425. *Satureia spicata C. B. Pin.* 218.
          La Sariette vraie.

Sudorifi- Thymbra Hispanica, Majoranæ folio *T. Inst.*
que.   197. *Sampsucus sive Marum mastichen*
          redolens C. B. Pin. 244.
          La Marjolaine d'Angleterre.

Emmena- Lavandula latifolia , Indica , subcinerea , spicâ
gogue.   breviore *H. R. Par.*
          La Lavande à feuilles d'Olivier.

Item.   Lavandula latifolia *C. B. Pin.* 216.
          La Lavande mâle , Aspic , ou Nard.

Item.   Lavandula angustifolia *C. B. Pin.* 216.
          La Lavande femelle , ou commune.

Item.   Origanum vulgare spontaneum *J. B.* 3. 236.
          L'Origan sauvage.

Item.   Origanum sylvestre , humile *C. B. Pin.* 223.
          Le petit Origan.

Item.   Origanum Creticum , latifolium , tomentosum
          seu Dictamnus Creticus *T. Inst.* 199.
          Le Dictame de Crête.

Item.   Majorana vulgaris *C. B. Pin. Sampsucus sive*
          Amaracus , Latinis Majorana Cord.
          La Marjolaine commune.

Item.   Majorana tenuifolia *C. B. Pin.* 224. *Majorana*
          tenuior & lignosior J. B. 3. 241.
          La Marjolaine gentille.

Item.   Majorana rotundifolia scutellata , exotica *H.*
          R. Par.
          La Marjolaine à Coquilles.

Vulnéraire Verbena communis , flore cœruleo *C. B. Pin.*
apéritive.   269.
          La Verveine.

Hyssopus officinarum , cœrulea seu spicata *C. B. Pin.* 217.
   L'Hysope. — Bechique incisive.

Stæchas folio serrato *C. B. Pin.* 216.
   Le Stæchas à feuilles dentelées. — Emmenagogue.

Stæchas purpurea *C. B. Pin.* 216. *Stæchas Arabica vulgò dicta J. B.* 277.
   Le Stæchas Arabique. — Item.

Cataria major vulgaris *T. Inst. Mentha Cataria sive Nepeta Chap.* 415.
   L'Herbe aux Chats. — Item.

Betonica purpurea *C. B. Pin.* 235.
   La Betoine. — Vulnéraire apéritive.

Ocimum vulgatius *C. B. Pin.* 226. *Ocimum magnum Tabern. Icon.* 343.
   Le grand Basilic. — Emmenagogue.

Ocimum minimum *C. B. Pin.* 226.
   Le petit Basilic. — Item.

SECTION IV.

Des Herbes à fleur en Gueule qui n'ont qu'une seule lévre.

Chamædrys major, repens *C. B. Pin.* 248.
   La Germandrée, ou petit Chêne. — Fébrifuge.

Chamædrys fruticosa , sylvestris , Melissæ folio *T. Inst.* 205. *Scorodonia sive Scordium alterum quibusdam & Salviâ agrestis Park. Theatr.* 111.
   Le faux Scordium, ou Sauge sauvage. — Sudorifique.

Chamedrys palustris, canescens, seu Scordium officinarum *T. Inst.* 205.
   Le Scordium. — Item.

Sudorifi-que. Chamædrys maritima, incana, frutefcens, foliis lanceolatis *T. Inft.* 205. *Marum Syriacum vel Creticum Park. Theatr.* 13. Le Marum ou Marjolaine de Crête.

Item. Chamædrys frutefcens, Teucrium vulgò *T. Inft.* 205. *Teucrium C. B. Pin.* 247. La Germandrée en arbre.

Emmena-gogue. Polium montanum, album *C. B. Pin.* 221. Le Polium à fleur blanche.

Item. Polium montanum, luteum *C. B. Pin.* 220. Le Polium à fleur jaune.

Vulnéraire apéritive. Teucrium Hifpanicum, latiore folio *T. Inft.* 208. Le Teucrium ou Sauge amere.

Item. Chamæpitys lutea vulgaris, five folio trifido *C. B. Pin.* 249. *Iva arthritica officinarum Chom.* 528. L'Ivette.

Item. Chamæpitys mofchata, folliis ferratis, an prima Diofcoridis *C. B. Pin.* 249. *Chamæpitys five Iva mofchata Monfpelienfium J. B.* 3. 425. L'Ivette mufquée.

Vulnérai-re aftrin-gente. Bugula *Dod. Pempt.* 135. *Confolida media quibufdam J. B.* 3. 430. Le Bugle ou petite Confoude.

Item. Bugula fylveftris, villofa, flore cœruleo *T. Inft.* 209. Le Bugle fauvage.

CLASSE V.

Des Herbes qui ont les fleurs en Croix, c'est-à-dire, qui sont composées de quatre feuilles disposées en Croix.

SECTION PREMIERE.

Des Herbes qui ont leurs fleurs en Croix, dont le pistile devient un fruit assez court, & qui n'a qu'une seule cavité.

Satis sylvestris seu angustifolia *C. B. Pin.* 113. *Isatis sive Glastum spontaneum J. B.* 2. 909.
    Le Pastel sauvage ou Guéde.
Crambe maritima, Brassissæ folio *T. Inst.* 211. *Brassica maritima, monospermos C. B. Pin.* 112.
    Le Chou marin sauvage d'Angleterre.

Vulnéraire astringente.

Résolutive.

SECTION II.

Des Herbes qui ont les fleurs en Croix, & dont le pistile devient un fruit assez court, partagé en deux loges par une cloison mitoyenne posée de travers, par rapport à la situation des panneaux du fruit.

Thlaspi vulgatius. *J. B.* 2. 921.
    Le Thlaspi.
Thlaspi Allium redolens *Mor. Hist.* 297.
    Le Thlaspi à odeur d'Ail.

Antiscorbutique.

Item.

Antiscor Thlaspi Rosa de Hierico dictum *Mor. Hist.*
butique. *Oxon.* 328.
La Rose de Jerico.

Item. Thlaspi arvense, latis siliquis *C. B. Pin.*
105.
Le Thlaspi à larges siliques, Senevé sauvage.

Item. Nasturtium hortense, vulgatum *C. B. Pin.*
103.
Le Cresson Alenois ou Nasitor.

Item. Nasturtium sylvestre capsulis cristatis *T. Inst.*
214. *Ambrosia campestris, repens C. B.*
Pin. 138.
L'Ambrosie sauvage.

Item. Cochlearia folio subrotundo *C. B. Pin.*
110.
L'Herbe aux Cuilliers.

Item. Cochlearia folio cubitali *T. Inst.* 215. *Rapha-*
nus rusticanus C. B. Pin. 96.
Le Raifort sauvage.

Item. Lepidium latifolium *C. B. Pin.* 97.
La grande Passerage.

Item. Lepidium Gramineo folio, sive Iberis *T. Inst.*
216.
La petite Passerage.

Fébrifuge. Bursa Pastoris major, folio sinuato *C. B. Pin.*
108.
Le Tabouret, Bourse à Berger.

Section III.

*Des Herbes qui ont les fleurs en Croix,
dont le piftile devient un fruit divifé en
deux loges par une cloifon mitoyenne,
parallele aux panneaux de ce fruit.*

Alyffon fruticofum, incanum *T. Inft.* 217.   Apéritive.
   L'Aliffon vivace.
Lunaria major, filiquâ rotundiore *J. B.* 2.   Vulnéraire
   881. *Viola Lunaria five Bulbonach Ger.* apéritive.
   377.
   La grande Lunaire ou Bulbonac.
Lunaria Leucoi folio, filiquâ oblongâ, ma-   Item.
   jori *T. Inft.* 218.
   La petite Lunaire.

Section IV.

*Des Herbes qui ont les fleurs en Croix,
dont le piftile devient une gouffe divifée
dans fa longueur en deux loges par une
cloifon mitoyenne.*

Braffica capitata, alba *C. B. Pin.* 111.   Bechique
   Le Chou pommé, blanc.   incifive.
Braffica capitata, rubra *C. B. Pin.*   Item.
   Le Chou pommé rouge.
Leucoium luteum vulgare *C. B. Pin.* 202. Apéritive.
   Leucoium luteum, vulgò Cheiri, flore fim-
   plici. J. B. 2. 872.
   Le Geroflier ou Violier jaune.
Hefperis Allium redolens *Mor. Hift. Oxon.* Antifcor-
   Part. 2. 252. *Alliaria Mathiol.* 843.   butique.
   L'Alliaire.

Antiscor- Hesperis hortensis *C. B. Pin.* 202.
butique.   La Juliane ou Juliene.
Item.   Cardamine pratensis magno flore purpuraf-
               cente *T. Inst.* 224.
               Le Cresson des prés.
Item.   Cakile maritima, ampliore folio *Corol. Inst.*
               49. *Eruca maritima, Italica, siliquâ*
               hastæ cuspidi simili C. B. Pin. 99.
               La Cakile ou Roquette de mer.
Vulnéraire Dentaria heptaphyllos *C. B. Pin.* 322.
déterfive.   La Dentaire.
Antifcor- Sifymbrium Erucæ folio glabro , flore luteo
butique.   *T. Inst.* 226. *Barbarea J. B.* 2. 868.
               L'Herbe de Sainte Barbe.
Item.   Sifymbrium aquaticum. *Math.* 487.
               Le Cresson de fontaine.
Item.   Sifymbrium palustre , repens, Nasturtii folio
               T. Inst. 226.
               Le Cresson à fleurs jaunes.
Fébrifuge. Sifymbrium annuum , Absinthii minoris folio
               T.Inst. 226. *Talictrum Dod. Pempt.* 1146.
               Le Talictron.
Antifcor- Eruca latifolia , alba, sativa Diofcoridis *C. B.*
butique.   *Pin.* 98.
               La Roquette de Jardin.
Item.   Eruca tenuifolia perennis , flore luteo *J. B.*
               2. 861.
               La Roquette fauvage.
Item.   Sinapi Rapi folio *C. B. Pin.* 99.
               La Moutarde , Senevé.
Item.   Sinapi Apii folio *C. B. Pin.* 99.
               La Moutarde blanche.
Bechique Eryfimum vulgare *C. B. Pin.* 100.
incifive.   Le Velar , Tortelle.

Eryfimum

Erysimum latifolium, majus, glabrum *C. B.* Bechique
    Pin. 101.   incisive.
    Le Velar, Herbe au Chantre.

Rapa sativa, oblonga, seu fœmina *C. B: Pin.* Diuréti-
    90.   que.
    La Rave.

Napus sativa, radice alba *C. B. Pin.* 95. Bechique
    Le Navet.   incisive.

Raphanus major, orbicularis vel rotundus Apéritive.
    C. B. Pin. 96.
    Le Raifort ou Radix.

SECTION V.

Des Herbes qui ont les fleurs en Croix,
    & dont le pistile devient une gousse
    divisée en travers en plusieurs loges.

Hypecoon latiore folio *T. Inst.* 230.   Assoupis-
    Le Cumin cornu.   sante.

SECTION VI.

Des Herbes qui ont les fleurs en Croix,
    dont le pistile devient une gousse qui n'a
    qu'une cavité.

Chelidonium majus, vulgare *C. B. Pin.* Apéritive.
    144.
    La grande Chelidoine, ou Eclaire, Felou-
    gne.

Epimedium *Dod. Pempt.* 599.   Emmena-
    Le Chapeau d'Evêque.   gogue.

E

SECTION VII.

Des Herbes qui ont les fleurs en Croix,
dont le pistile devient un fruit à trois ou
quatre cellules.

Bechique incisive. Erucago segetum *T. Inst.* 232. Eruca Mons-
peliaca, siliquâ quadrangulâ, echinatâ
C. B. Pin. 99.
La Roquette des Champs.

SECTION IX.

Des Herbes qui ont les fleurs en Croix, &
le fruit mou.

Diaphoré-tique. Herba Paris *Dod. Pempt.* 444. *Solanum qua-
drifolium, bacciferum* C. B. *Pin.* 167.
Le Raisin de Renard.

CLASSE VI.

Des Herbes dont les fleurs sont composées
de plusieurs feuilles disposées en Rose.

SECTION PREMIERE.

Des Herbes à fleurs en Rose, dont le
pistile devient un fruit qui s'ouvre en
travers comme une boëte.

Rafraîchis-sante. A Maranthus maximus *C. B. Pin.* 120.
L'Amarante ou Passe-velours.
Item. Portulaca latifolia sive sativa *C. B. Pin.* 288.
Le Pourpier.

SECTION II.

Des Herbes à fleur en Rose, dont le pistile devient un fruit qui n'a qu'une seule cavité.

Papaver hortense femine albo , sativum Dioscoridis , album Plinii *C. B. Pin.* 170.
    Le Pavot blanc.
                              Assoupissante.

Papaver hortense femine nigro , sylvestre Dioscoridis , nigrum Plinii *C. B. Pin.* 170.
    Le Pavot noir.
                              Item.

Papaver erraticum , majus , Rhæas Dioscoridi , Theophrasto , Plinio *C. B. Pin.* 171.
    Le Pavot rouge ou Coquelicot.
                              Item.

Argemone Mexicana *T. Inst.* 239. *Papaver spinosum C. B. Pin.* 171.
    Le Pavot du Mexique, ou Chardon bénit des Américains.
                              Item.

Opuntia vulgò Herbariorum *J. B.* 1. 154.
    Le Figuier d'Inde , Raquette , Cardasse.
                              Rafraîchissante.

Granadilla polyphyllos fructu ovato *T. Inst.* 241.
    La Fleur de la Passion.
                              Apéritive.

Alfine media *C. B. Pin.* 250.
    La Morgeline.
                              Vulnéraire détersive.

Myosotis incana , repens *T. Inst.* 245.
    L'Oreille de Souris.
                              Item.

Ros Solis folio subrotundo *C. B. Pin.* 357. *Rorella Bux.* 285.
    La Rosée du Soleil.
                              Bechique incisive.

Apéritive. Kali majus, cochleato femine *C. B. Pin.* 289:
Soda, Kali magnum, Sedi medii folio,
femine cochleato *Lob. Icon.* 394.
La Soude ordinaire.

Item.   Kali Hifpanicum, fupinum, annuum, Sedi
foliis brevibus *Aɛt. Acad. Reg. Par.*
La Soude d'Alicante.

Item.   Camphorata hirfuta *C. B.* 486.
La Camphrée.

Vulnérai-re aftrin-gente. Helianthemum vulgare flore luteo *J. B.* 2.
15.
La Fleur du Soleil, Hifope des Garigues.

Item.   Androfæmum maximum, frutefcens *C. B. Pin.*
280.
La Toute-Saine.

SECTION III.

Des Herbes à fleur en Rofe, dont le piftile devient un fruit divifé le plus fouvent en deux loges.

Apéritive. Geum rotundifolium, majus *T. Inft.* 251.
Sanicula montana, rotundifolia, major
C. B. Pin. 243.
Le Geum, ou Sanicle de montagne.

Item.   Saxifraga rotundifolia alba *C. B. Pin.* 309.
La Saxifrage.

Vulnérai-re aftrin-gente. Salicaria vulgaris purpurea, foliis oblongis
T. Inft. 253.
La Salicaire.

Affoupif-fante. Glaucium flore luteo *T. Inft.* 254. *Papaver*
corniculatum, luteum. J. B. 3. 398.
Le Pavot cornu.

SECTION IV.

Des Herbes à fleur en Rose, dont le piſtile devient un fruit diviſé en cellules.

Hypericum vulgare *C. B. Pin.* 279.
   Le Mille-pertuis.   Vulnéraire apéritive.

Hypericum Aſcyron dictum caule quadran-
   gulo *J. B.* 3. 382. *Aſcyrum vulgare*
   Park. Theatr. 574.
   L'Aſcyrum.   Item.

Aſcyrum magno flore *C. B. Prod.* 130.
   Le Mille-pertuis rampant.   Item.

Pyrola rotundifolia major *C. B. Pin.* 191.
   La Pirole.   Vulnéraire aſtringente.

Ruta hortenſis latifolia *C. B. Pin.* 336.
   La Rue de Jardin.   Emmenagogue.

Ruta ſylveſtris major *C. B. Pin.* 336. *Ruta*
   montana Ger. 1071.
   La Rue de montagne.   Item.

Harmala *Dod. Pempt.* 121. *Ruta ſylveſtris,*
   magno flore, albo C. B. Pin. 336.
   La Rue ſauvage.   Item.

Nigella arvenſis, cornuta *C. B. Pin. Melan-*
   thium ſylveſtre Dod. Pempt. 303.
   La Nielle bâtarde.   Apéritive.

Nigella Cretica *C. B. Pin.* 146.
   La Nielle de Crete.   Item.

Fabago Belgarum, ſive Peplus Pariſienſium
   Lugd. 456. *Capparis Portulacæ folio*
   C. B. Pin. 480.
   Le Fabago.   Vermifuge.

Vulnérai-　Cistus Ladanifera, Hispanica, Salicis folio,
re aftrin-　　flore candido *T. Inst.* 260.
gente.　　　Le Ciste qui porte le Ladanum.

Item.　　　Cistus Ladanifera Monspeliensium *C. B. Pin.*
　　　　　467.
　　　　　Le Ciste de Montpellier.

Rafraî-　Nymphæa alba, major *C. B. Pin.* 193.
chiffante.　　Le Nénufar, ou Lis d'étang à fleur blan-
　　　　　che.

SECTION V.

*Des Herbes à fleur en Rose, dont le pistile
devient un fruit qui, dans son épaiffeur,
renferme plufieurs femences.*

Apéritive.　Capparis fpinofa fructu minore folio rotundo
　　　　　C. B. Pin. 480.
　　　　　Le Caprier.

SECTION VI.

*Des Herbes à fleur en Rose, dont le pistile
devient un fruit compofé de plufieurs
piéces.*

Rafraî-　Sedum majus vulgare *C. B. Pin.* 283. *Sem-*
chiffante.　　*pervivum majus Raij Synopf.* 3. 269.
　　　　　La grande Joubarbe.

Item.　　　Sedum minus, teretifolium album *C. B. Pin.*
　　　　　283.
　　　　　La petite Joubarbe, ou Trique-Madame.

Réfolutive.　Sedum parvum, acre, flore luteo *J. B.* 3.
　　　　　694. *Vermicularis feu Illecebra minor,*
　　　　　acris Ger. 517.
　　　　　La Vermiculaire brûlante.

Anacampſeros vulgò Faba craſſa *J. B. 3.* Vulnérai
681. *Telephium vulgare C. B. Pin.* 287. re aſtrin
L'Orpin , Repriſe, Joubarbe des vignes. gente.

Anacampſeros radice, Roſam ſpirante, major Item.
T. Inſtit. 264. *Rhodia radix. C. B. P.* 286.
L'Orpin-Roſe.

Ulmaria *Cluſii Hiſt.* 198. *Regina Prati Dod.* Sudorifi
57. que.
La Reine des Prés.

Barba Capræ floribus oblongis *C. B. Pin.* Item.
163.
La Barbe de Chevre.

Tribulus terreſtris , Ciceris folio , fructu acu- Apéritive.
leato *C. B. Pin.* 350.
La Croix de Chevalier.

Geranium Sanguineum , maximo flore *C. B.* Vulnérai
Pin. 318. re aſtrin
Le Bec de Grue , Sanguinaire. gente.

Geranium Robertianum 1 , viride *C. B. Pin.* Réſoluti
319. *Gratia Dei, Geranium quibuſdam* ve.
Trag.
L'Herbe à Robert.

Geranium folio Malvæ rotundo *C. B. Pin.* Vulnérai
318. *Pes Colombinum Dod. Pempt.* 61. re aſtrin
Le Pied de Pigeon. gente.

Geranium Cicutæ folio , minus & ſupinum Item.
C. B. Pin. 319. *Geranium moſchatum,*
folio ad Myrrhidem accedente , minus
J. B. 3. 479.
Le Geranium muſqué.

Talictrum majus, ſiliquâ anguloſâ aut ſtriatâ Purgative.
C. B. Pin. 336. *Ruta pratenſis Geſn.*
277.
La Rue des prés, fauſſe Rhubarbe.

Purgative. Helleborus niger, fœtidus *C. B. Pin.* 185.
  L'Ellebore noir, Pied de Griffon.

Item. Helleborus niger, hortensis, flore roseo
  C. B. Pin. 186. *Melampodium Pharm.
  Bat.* 71.
  L'Ellebore noir des Jardins.

Item. Helleborus niger, hortensis, flore viridi *C. B.
  Pin.* 185. *Helleboraster minor, flore viri-
  dante Park. Theatr.* 212.
  L'Ellebore noir à fleur verte.

Item. Veratrum flore atro-rubente *T. Inst.* 273.
  *Helleborus albus, flore atro-rubente C. B.
  Pin.* 186.
  L'Ellebore blanc à fleur rouge.

Item. Veratrum flore subviridi *T. Inst. Helleborus
  albus, flore subviridi C. B. Pin.* 186.
  L'Ellebore blanc à fleur pâle.

Item. Populago flore majore *T. Inst.* 273. *Caltha
  palustris J. B.* 3. 470.
  Le Souci de marais.

Antispas- Pæonia folio nigricante splendido quæ mas
modique.   *C. B. Pin.* 323.
  La Pivoine mâle.

Item. Pæonia communis vel fœminea *C. B. Pin.*
  323.
  La Pivoine femelle.

Section VII.

Des Herbes à fleur en Rose, dont le piſtile devient un fruit compoſé de pluſieurs graines ramaſſées en maniere de tête.

Anemone ſylveſtris, alba, major *C. B. Pin.* 176. — Vulnéraire déterſive.
    L'Anemone ſauvage.

Pulſatilla folio craſſiore & majore flore *C. B. Pin.* 177. — Item.
    La Coquelourde, ou l'Herbe au Vent.

Ranunculus pratenſis, radice verticilli modo rotunda *C. B. Pin.* 179. — Item.
    La Renoncule tubéreuſe, Grenouillette.

Ranunculus pratenſis, repens, hirſutus *C. B. Pin.* 175. — Item.
    La Renoncule des prés.

Ranunculus paluſtris, Apii folio, lævis *C. B. Pin.* 180. — Item.
    La Renoncule des marais, ou Pied-Pou.

Ranunculus vernus, rotundifolius, minor *T. Inſt.* 286. *Scrophularia minor, ſive Chelidonium minus vulgò dictum J. B.* 3. 468. — Réſolutive.
    La petite Chelidoine.

Ranunculus tridentatus, vernus, flore ſimplici cæruleo *T. Inſt.* 286. *Hepatica nobilis flore ſimplici cæruleo H. L. Bat.* 310. — Apéritive.
    L'Hépatique de Jardin.

Filipendula vulgaris, an Molou Plinii? *C. B. Pin.* 163. — Diurétique.
    La Filipendule.

F

Vulnéraire déterfive.   Clematitis fylveftris latifolia *C. B. Pin.* 300.
*Clematitis latifolia, feu Arthagene quibuf-
dam J. B.* 2. 125. *Viorna Ger.* 739.
La Viorne, Herbe aux Gueux.

Fébrifuge.   Caryophyllata vulgaris *C. B. Pin.* 321.
La Benoîte, Herbe de Saint Benoît.

Diuréti-que.   Fragaria vulgaris *C. B. Pin.* 326.
Le Fraifier.

Vulnéraire aftrin-gente.   Quinquefolium majus repens *C. B. Pin.* 325.
*Pentaphyllum feu Quinquefolium majus,
repens J. B.* 3. 397.
La Quintefeuille.

Item.   Tormentilla fylveftris *C. B. Pin.* 326.
La Tormentille.

Fébrifuge.   Pentaphylloïdes argenteum, alatum, feu
Potentilla *T. Inft.* 298. *Potentilla feu
Argentina J. B.* 3. 398.
L'Argentine.

Section VIII.

*Des Herbes à fleur en Rofe, dont le piftile
ou le calice deviennent des fruits mous.*

Purgative.   Chriftophoriana vulgaris, noftras, racemofa
& ramofa *Mor. Hift. Oxon. part.* 2. 8.
L'Herbe de Saint Chriftophe.

Affoupif-fante.   Phytolacca Americana, majori fructu *T. Inft.*
299.
Le Raifin d'Amérique.

Apéritive.   Aralia Canadenfis *T. Inft.* 249. *Panaces Car-
pimon five racemofa Canadenfis Corn.* 74.
L'Anis des prés de Canada.

Item.   Afparagus fativa *C. B. Pin.* 489.
L'Afperge.

Afparagus fylveftris tenuiffimo folio *C. B. Pin.* Apéritive.
   490.
  L'Afperge fauvage.

SECTION IX.

Des Herbes à fleur en Rofe, dont le calice
devient un fruit fec.

Cuminoides vulgare *T. Inft.* 301. *Cuminum* Carmina-
   fylveftre, capitulis globofis C. B. Pin. 146. tive.
  Le Cumin fauvage.

Circæa Lutetiana *Lob. Icon.* 266.   Réfoluti-
  L'Herbe des Magiciennes.   ve.

Agrimonia officinarum *T. Inft.* 301. *Agrimo-* Apéritive.
   nia feu Eupatorium J. B. 2. 398.
  L'Aigremoine.

Agrimonia odorata *Cam. Hort.*   Item.
  L'Aigremoine odorante.

Onagra latifolia *T. Inft.* 302. *Lyfimachia lutea* Vulnéraire
   corniculata C. B. Pin. 245.   déterfive.
  L'Herbe aux Afnes.

Chamœnerion latifolium vulgare *T. Inft.* 302. Item.
   Onagra Lugd. Hift. 865.
  Le petit Laurier-Rofe, ou l'Herbe de Saint
  Antoine.

CLASSE VII.

Suite des Herbes à fleur en Rose, sçavoir, des Fleurs en Parasol, ou en Ombelle.

SECTION PREMIERE.

Des Herbes à fleur en Parasol soutenues par des rayons, & dont le calice devient un fruit à deux petites graines cannelées ou rayées.

Carmina-
tive.   **A**Mmi majus *C. B. Pin.* 159.
     L'Ammi.

Apéritive.   Apium hortense, seu Petroselinum vulgò
     C. B. Pin. 153.
     Le Persil commun.

Item.   Apium dulce, Celeri Italorum *H. R. Par.*
     Le Celeri.

Item.   Apium palustre & Apium officinarum *C. B.*
     Pin. 154.
     L'Ache.

Item.   Apium Macedonicum *C. B. Pin.* 154.
     Le Persil de Macedoine.

Carmina-
tive.   Apium Anisum dictum, semine suaveolente,
      majori *T. Inst.* 305.
     L'Anis.

Apéritive.   Apium Pyrenaicum, Thapsiæ facie *T. Inst.*
     305.
     Le faux Turbith.

Assoupis-
sante.   Cicuta major *C. B. Pin.* 160.
     La grande Cigue.

Cicuta minor, Petrofelino fimilis *C. B. Pin.*   Affoupif-
    160.   fante.
   La petite Cigue.

Carvi Cæfalpini 291. *Cuminum pratenfe, Carvi*   Carmina-
   officinarum C. B. Pin. 158. *Carum Dod.* tive.
   Pempt. 299.
   Le Cumin des prés.

Bulbocaftanum majus, Apii folio *C. B. Pin.*   Vulnérai-
    162. *Nucula terreftris major & minor* re aftrin-
   Park. Theatr. 393.   gente.
   La Terre-noix.

Daucus fativus, radice luteâ *T. Inft.* 307.   Carmina-
   La Carotte.   tive.

Daucus vulgaris *Cluf. Hift. cxcviij.*   Item.
   La Carotte fauvage.

Sium five Apium paluftre, foliis oblongis   Antifcor-
   C. B. Pin. 154. *Berula officinarum quo-* butique.
   rumdam Chomel 416.
   La Berle, ou Ache d'eau.

Sium aromaticum, Sifon officinarum *T. Inft.*   Diuréti-
   308. *Sifon five officinarum Amomum* que.
   J. B. 2. 107.
   Le Sifon, ou Amome.

Sifarum Germanorum *C. B. Pin.* 155. *Sifer* Apéritive.
   vulgare Park. Theatr. 943.
   Le Chervi.

Tragofelinum majus, umbellâ candidâ *T. Inft.*   Item.
   309. *Pimpinella Saxifraga, major, um-*
   bellâ candidâ C. B. Pin. 159.
   Le Boucage, ou Perfil de Bouc.

Tragofelinum minus *T. Inft.* 309. *Pimpinella*   Item.
   Saxifraga minor C. B. Pin. 160.
   Le petit Boucage, ou petite Saxifrage.

Carminative. Buplevrum arborescens Salicis folio *T. Inst.* 310. *Seseli Æthiopicum Salicis folio C. B. Pin.* 161.
Le Seseli d'Ethiopie.

Vulnéraire astringente. Buplevrum perfoliatum, rotundifolium, annuum *T. Inst.* 310. *Perfoliata vulgatissima sive arvensis C. B. Pin.* 277.
La Perce-feuille.

Apéritive. Buplevrum folio subrotundo, sive vulgatissimum *C. B. Pin.* 309.
L'Oreille de Lievre.

SECTION II.

Des Herbes à fleur en Parasol soutenues par des rayons, & dont le calice devient un fruit à deux graines, longues & de médiocre grosseur.

Item. Fœniculum vulgare, Germanicum *C. B. Pin.* 147.
Le Fenouil commun.

Item. Fœniculum dulce, majore & albo semine *J. B.* 3. 4.
Le Fenouil doux.

Carminative. Fœniculum tortuosum *J. B.* 3. 16. *Seseli Massiliense, Fæniculi folio, quod Dioscoridis censetur C. B. Pin.* 161.
Le Seseli de Marseille.

Diurétique. Fœniculum annuum, umbellâ contractâ, oblongâ *T. Inst.* 311. *Gingidium umbellâ oblongâ C. B. Pin.* 151.
L'Herbe aux Gencives.

Meum foliis Anethi *C. B. Pin.* 148. *Meum*   Emmena-
   Athamanticum Mor. Umb. 4.   gogue.
  Le Meum.

Oenanthe Apii folio *C. B. Pin.* 162.*Filipendula*   Réfoluti-
   tenuifolia Tabern. Icon. 141.   ve.
  La Filipendule aquatique.

Angelica montana, perennis, Paludapii folio Stomachi-
   T. Inft. 313. *Levifticum vulgare Ger.* que.
   855.
  La Leveche, ou Ache de montagne.

Angelica pratenfis, Apii folio *T. Inft.* 313. Apéritive.
   Saxifraga Anglorum , foliis latioribus ,
   radice nigrâ , flore candido, Silao fimilis
   J. B. 3. 171.
  La Saxifrage des Anglois.

Angelica fylveftris minor feu erratica *C. B.* Réfoluti-
   Pin. 155. *Angelica Podagraria diéta* ve.
   Mor. Umb. 9.
  La petite Angelique fauvage.

Aftrantia major, coronâ floris candidâ *T. Inft.* Purgative.
   314. *Sanicula fœmina quibufdam aliis*
   Elleborus niger J. B. 3. 632.
  La Sanicle femelle.

Chœrophyllum fativum *C. B. Pin.* 152.   Apéritive.
  Le Cerfeuil.

Chœrophyllum fylveftre, perenne, Cicutæ Réfoluti-
   folio *T. Inft.* 314. *Cicutaria vulgaris* ve.
   offic. J. B. 3. 71.
  Le Cerfeuil fauvage.

Myrrhis major vel Cicutaria odorata *C. B.*   Item.
   Pin. 160.
  Le Cerfeuil mufqué.

SECTION III.

Des Herbes à fleurs en Parasol, soutenues par des rayons, & dont le calice devient un fruit à deux graines presque rondes & de médiocre grosseur.

Apéritive.   Smyrnium *Math.* 773. *Hipposelinum Theophasti, vel Smyrnium Diosc. C. B. Pin.* 154.

Le Maceron, ou gros Persil de Macedoine.

Carminative.   Coriandrum majus *C. B. Pin.* 158.

La Coriandre.

SECTION IV.

Des Herbes à fleurs en Parasol, soutenues par des rayons, & dont le calice devient un fruit à deux graines ovales, plates & de médiocre grosseur.

Alexitere & Cordiale.   Imperatoria major *C. B. Pin.* 156.

Le Benjoin François, ou Impératoire.

Item.   Imperatoria sativa *T. Inst.* 317. *Angelica sativa C. B. Pin.* 155.

L'Angelique de Bohême, ou de Jardin.

Item.   Imperatoria pratensis major *T. Inst.* 317. *Angelica sylvestris major C. B. Pin.* 155.

L'Angelique des prés.

Item.   Imperatoria lucida Canadensis *T. Inst.* 317. *Angelica lucida Canadensis Corn.* 197.

L'Angelique de Canada.

Crithmum

Crithmum five Fœniculum maritimum, majus, Apéritive.
    odore Apii *C. B. Pin.* 288.
    La Paſſe-Pierre, Fenouil marin, Bacille,
    Herbe de Saint Pierre.

Anethum hortenſe *C. B. Pin.* 147. Réſolutive.
    L'Anet.

Peucedanum majus, Italicum *C. B. Pin.* Bechique inciſive.
    149.
    La Queue de Pourceau d'Italie.

Peucedanum Germanicum *C. B. Pin.* 149. Item.
    La Queue de Pourceau.

SECTION V.

Des Herbes à fleurs en Paraſol ſoutenues
par des rayons, dont le calice devient
un fruit à deux graines ovales, plates,
& d'une grandeur conſidérable.

Oreoſelinum Apii folio, majus *T. Inſt.* 318. Apéritive.
    Gentiana nigra officinarum Rupp. Flor.
    Jen. 221.
    Le grand Perſil de montagne.

Oreoſelinum Apii folio, minus *T. Inſt.* 318. Item.
    Apium montanum nigrum J. B. 104.
    Le petit Perſil de montagne.

Thyſſelinum paluſtre *T. Inſt.* 319. *Seſeli pa-* Item.
    luſtre lacteſcens C. B. Pin. 162.
    Le Perſil de marais.

Paſtinaca ſativa latifolia *C. B. Pin.* 133. Carminative.
    Le Panais, ou Paſtenade.

G

Carmina-tive. Paſtinaca ſylveſtris latifolia *C. B. Pin.* 155.
Elaphoboſcum erraticum, Branca Leonina Tabern. Icon. 77.
Le Panais ſauvage.

Emollien-te. Sphondylium vulgare, hirſutum *C. B. Pin.* 157.
La Berce, fauſſe Branc-Urſine.

Item. Sphondylium majus, ſive Panax Heracleum quibuſdam. *J. B. 3. 161.*
La Panacée.

Carmina-tive. Tordylium Narbonenſe, minus *T. Inſt. 320.*
Seſeli Creticum Dod. Pempt. 314.
Le Seſeli de Crete.

Emmena-gogue. Ferula Galbanifera *Lob. Icon.* 779.
La Ferule.

Purgative. Thapſia latifolia villoſa *C. B. Pin.*
La Thapſie, ou Turbith.

Apéritive. Cicutaria latifolia fœtida *C. B. Pin.* 161.
La Cicutaire.

Diuréti-que. Caucalis Arvenſis echinata magno flore *C. B. Pin.* 152.
Le Caucalis.

Emmena-gogue. Liguſticum quod Seſeli officinarum *C. B. Pin.* 162. *Seſeli ſive Siler montanum vulgare J. B. 3. 168.*
Le Seſeli commun, ou Livêche.

Item. Liguſticum Alpinum multifido longoque folio *T. Inſt. 324. Daucus Creticus Camer. Epiſt. 536.*
Le Daucus de Candie.

Item. Liguſticum Cicutæ folio, glabrum *T. Inſt. 323. Seſeli montanum, Cicutæ folio, glabrum C. B. Pin.* 150.
Le Seſeli de montagne.

Laſerpitium foliis latioribus lobatis *Mor. Umb.* Purgative.
29.
Le Laſerpitium.

SECTION VI.

Des Herbes à fleurs en Paraſol, ſoutenues par des rayons, & dont le calice devient un fruit à deux graines enveloppées d'une matiere ſpongieuſe.

Cachrys ſemine fungoſo, ſulcato, aſpero, Apéritive.
foliis Peucedani latiuſculis *Mor. Umb.*
62.
L'Armarinte.

SECTION VII.

Des Herbes à fleurs en Paraſol, ſoutenues par des rayons, & dont le calice devient un fruit à deux graines terminées par une longue queue.

Scandix ſemine roſtrato, vulgaris *C. B. Pin.* Vulnéraire
152. *Pecten Veneris J. B.* 3. 71.   apéritive.
L'Aiguille, ou Peigne de Venus.

SECTION VIII.

Des Herbes à fleurs en Paraſol, ramaſ-ſées en maniere de téte, & dont les fleurs ne ſont ſoutenues par aucun rayon.

Sanicula officinarum *C. B. Pin.* 329.   Vulnerai-
La Sanicle.   re aſtrin-
    gente.
G ij

Apéritive. Eryngium vulgare *C. B. Pin.* 386.
Le Chardon-Rolland, Panicaut, Chardon
à cent têtes.

Item. Eryngium maritimum *C. B. Pin.* 386.
Le Panicaut marin.

Vulnéraire Hydrocostyle vulgaris *T. Inst.* 382. *Ranun-*
déterfive. *culus aquaticus , Cotyledonis folio C. B.*
Pin. 180.
L'Ecuelle d'eau.

CLASSE VIII.

Des Herbes à fleurs régulieres , com-
posées de plusieurs feuilles disposées en
Oeillet.

SECTION PREMIERE.

Des Herbes à fleur en Oeillet , dont le
pistile devient le fruit.

Alexitere C Aryophyllus maximus ruber *C. B. Pin.*
& Cordia- 207. *Herba Tunica quibusdam C. B.*
le. *Pin.* 207.
L'Oeillet.

Vulnéraire Lychnis sylvestris alba simplex *C. B. Pin.*
déterfive. 204.
Le Lychis sauvage , les Compagnons
blancs.

Item. Lychnis sylvestris quæ Behen album vulgò
C. B. Pin. 205.
Le Behen blanc.

Lychnis fegetum major *C. B. Pin.* 204. Vulnérai-
   Pfeudo-Melanthium , Nigellaftrum Chab. re aftrin-
   443. gente.
   La Nielle des bleds.

Lychnis fylveftris quæ Saponaria vulgò *T.* Vulnéraire
   Inft. déterfive.
   La Saponaire , ou Savoniere.

Lychnis coronaria Diofcoridis , fativa *C. B.* Purgative.
   Pin. 203.
   La Coquelourde des Jardiniers.

Linum fativum *C. B. Pin.* 214. Emollien-
   Le Lin commun. te.

Linum pratenfe , flofculis exiguis *C. B. Pin.* Purgative.
   214. *Linum fylveftre Catharticum Ger.*
   560.
   Le Lin fauvage.

SECTION II.

Des Herbes à fleur en Oeillet, dont le
piftile devient une graine renfermée
dans le calice de la fleur.

Statice *Lugd.* 1190. *Caryophyllus montanus* Vulnérai-
   flore globofo C. B. Pin. 211. re aftrin-
   L'Herbe à fept tiges , ou Gazon d'O- gente.
   limpe.

Limonium maritimum majus *C. B. Pin.* 192. Vulnéraire
   Limonium majus multis , aliis Behen ru- apéritive.
   brum J. B. 3. *App.* 876.
   Le Behen rouge.

C L A S S E IX.

Des Herbes dont les fleurs approchent, en quelque maniere de la Fleur du Lis, & qu'on appellera dans la fuite des Fleurs en Lis.

S E C T I O N P R E M I E R E.

Des Herbes à fleur en Lis d'une feule feuille coupée en fix pieces, dont le piftile devient le fruit.

Diuréti-que. ASphodelus albus , ramofus , mas *C. B. Pin.* 28.
L'Asfodele blanc.

Item. Afphodelus luteus & flore & radice *C. B. Pin.* 28.
L'Asfodele jaune.

Emollien-te. Colchicum commune *C. B. Pin.* 67.
Le Colchique , Tue-Chien.

S E C T I O N II.

Des Herbes à fleur en Lis d'une feule feuille coupée en fix pieces, & dont le calice devient le fruit.

Emmena-gogue. Crocus fativus *C. B. Pin.* 65.
Le Safran.

Emollien-te. Narciffus Illiricus, Liliaceus *C. B. Pin.* 55.
Le Narciffe de Mathiole , ou Pancratium.

Iris vulgaris, Germanica, five fylveftris Purgative.
    C. B. Pin. 30.
    La Flambe, ou Iris.

Iris alba, Florentina *C. B. Pin.* 31.   Item.
    L'Iris de Florence.

Iris paluftris lutea *Tabern. Icon.* 643. *Acorus*   Vulnérai
    adulterinus C. B. Pin. 34.   re aftrin
    Le faux Acorus.   gente.

Iris fœtidiffima feu Xiris *T. Inft.* 360. *Gladio-* Réfoluti
    lus fœtidus C. B. Pin. 30.   ve.
    Le Glayeul puant.

Gladiolus major, Byfantinus *C. B. Pin.* 41.   Item.
    Le Glayeul.

Hermodactylus, folio quadrangulo *Corol.* Purgative.
    Inft. 50. *Iris tuberofa folio angulofo C. B.*
    Pin. 40.
    L'Hermodatte.

Aloë vulgaris *C. B. Pin.* 286.   Item.
    L'Aloës commun.

Aloë Africana caulefcens, foliis fpinofis, Item.
    maculis ab utrâque parte albicantibus
    notatis *Hort. Amft.* 2. 9.
    L'Aloës maculé.

Aloë fuccotrina, anguftifolia, fpinofa, flore Item.
    purpureo *Breyn. Prodr.* 2. *Hort. Amft.*
    in-fol. 91.
    L'Aloës fuccotrin.

Cannacorus latifolius, vulgaris *T. Inft.* 397. Diaphoré
    Arundo Indica florida, Cannacorus quo- tique.
    rumdam Lob. Icon. 56.
    La Canne d'Iade, ou Balifier.

SECTION III.

Des Herbes à fleurs en Lis composées de trois feuilles.

Résoluti- Ephemerum Virginianum , flore cæruleo,
ve.   majori *T. Inst.* 367.
      L'Ephemere.

SECTION IV.

Des Herbes à fleurs en Lis composées de six feuilles , & dont le pistile devient le fruit.

Emollien- Lilium album vulgare *J. B.* 2. 685.
te.   Le Lis.

Item.   Corona Imperialis *Dod. Pempt.* 202.
      La Couronne Impériale.

Purgative. Ornithogalum maritimum, feu Scilla radice
       rubrâ *T. Inst.* 381. *Scilla vulgaris radice
       rubrâ C. B. Pin.* 73.
      La Scille rouge.

Alexitere Porrum commune capitatum *C. B. Pin.* 72.
cordiale.   Le Poireau.

Item.   Cepa vulgaris floribus & tunicis purpurascen-
       tibus *C. B. Pin.* 71.
      L'Ognon.

Item.   Cepa fistilis *Mathioli Lugd.* 1539.
      La Ciboule.

Item.   Cepa Ascalonica *Math.* 556.
      L'Echalotte.

Cepa

Cepa sectilis, juncifolia, perennis, *Mor. Hist.* Alexiters
 Oxon. 383. cordiale.
 La Civette, ou Ciboulette.
Allium sativum *C. B. Pin.* 73. Item.
 L'Ail.
Allium sylvestre latifolium *C. B. Pin.* 74. Item.
 L'Ail sauvage.
Allium sphæriceo capite, folio latiore, sive Item.
 Scorodoprasum alterum *C. B. Pin.* 74.
 L'Ail-Poireau.
Allium montanum, latifolium, minus, montis Item.
 aurei *H. R. P.*
 Le Nard des montagnes.

CLASSE X.

*Des Herbes à fleurs irrégulieres compo-
sées de plusieurs feuilles, & qu'on
appelle ordinairement des Fleurs Légumineuses.*

SECTION PREMIERE.

*Des Herbes à fleurs Légumineuses, dont
le pistile devient une gousse simple &
assez courte.*

Glycyrrhyza siliquosa vel Germanica Bechique
 C. B. Pin. 352. *Liquiritia Brunf.* adoucissan-
 La Reglisse ordinaire. te.
Glycyrrhyza capite echinato *C. B. Pin.* 352. Item.
 Glycyrrhyza vera Dioscoridis Dod. Pempt.
 341.
 La Reglisse de Dioscoride.

H

Adoucif- Cicer sativum flore candido *C. B. Pin.* 347.
sante.   Le Pois-chiche.

Résoluti- Lens major *C. B. Pin.* 346.
ve.   La Lentille.

Item.   Onobrychis foliis viciæ fructu echinato major
             C. B. P. 350.
             Le Sain-foin ordinaire.

Vulnéraire Vulneraria rustica *J. B.* 2. 362.
apéritive.   La Vulnéraire.

SECTION II.

*Des Herbes à fleurs Légumineuses, dont
le pistile devient une gousse simple &
longue.*

Résoluti- Faba flore candido, lituris nigris conspicuo
ve.   *C. B. Pin.* 338.
             La Féve de marais.

Item.   Faba minor, sive Equina *C. B. Pin.* 338.
             La Féverolle.

Item.   Lupinus sativus, flore albo *C. B. Pin.* 347.
             Le Lupin.

Item.   Orobus sylvaticus purpureus, vernus *C. B.
             Pin.* 351.
             L'Orobe.

Item.   Pisum hortense, majus, flore fructuque albo
             C. B. Pin. 342.
             Le Pois.

Vulnérai- Lathyrus sylvestris major *C. B. Pin.* 344.
re astrin-   La Gesse.
gente.
Item.   Ochrus folio integro, capreolos emittente
             C. B. Pin. 343.
             L'Ocre.

Vicia sativa, vulgaris, femine nigro *C. B. Pin.* Vulnérai-
344.   re aftrin-
La Veffe.   gente.

Ervum verum *Camer. Hort. Orobus filiquis* Item.
articulatis femine majore *C. B. Pin.*
346.
L'Ers.

Galega vulgaris floribus cæruleis *C. B. Pin.* Fébrifuge.
352.
Le Galega , ou Rue-de-Chevre.

SECTION III.

*Des Herbes à fleurs Légumineuses , dont
le piftile devient une gouffe compofée
de différentes pieces attachées bout-à-
bout.*

Ornithopodium majus *C. B. Pin.* 350.   Apéritive.
Le Pied d'Oifeau.

Ferrum Equinum Germanicum filiquis in fum-   Vulnérai-
mitate *C. B. Pin.* 349.   re aftrin-
Le Fer de Cheval vivace.   gente.

Ferrum Equinum filiquâ fingulari *C. B. Pin.* Item,
349.
Le Fer de Cheval annuel.

Hedyfarum clypeatum , flore fuaviter rubente Vulnéraire,
Eyft.   apéritive.
Le Sain-foin d'Efpagne.

Scorpioides Buplevri folio *C. B. Pin.* 287. Item,
La Chenille.

S E C T I O N **IV.**

Des Herbes à fleurs Légumineuses qui portent trois feuilles sur une queue.

Réfolutive.　Lotus five Melilotus pentaphyllos minor gla-
　　　　bra *C. B. Pin.* 332.
　　　　Le Lotier, ou Trefle jaune.

Item.　Lotus pentaphyllos filiquofus villofus *C. B.
　　　　Pin. 332. Lotus Hæmorrhoidalis major
　　　　five Trifolium Hæmorrhoidale majus Park.
　　　　Theatr.* 1100.
　　　　Le Trefle Hémorrhoidal.

Vulnéraire
déterfive.　Trifolium pratenfe purpureum *C. B. Pin.* 327.
　　　　Le Trefle, ou Triolet des prés.

Item.　Trifolium fpicâ oblongâ, rubrâ *C. B. Pin.*
　　　　328.
　　　　Le grand Pied de Lievre.

Réfoluti-
ve.　Melilotus officinarum Germaniæ *C. B. Pin.*
　　　　331.
　　　　Le Melilot, ou Mirlirot.

Vulnéraire
déterfive.　Melilotus major odorata flore violaceo *Mor.
　　　　Hift. Oxon. part.* 2. 161.
　　　　Le Lotier odorant, ou faux Baume du
　　　　Perou.

Apéritive.　Anonis fpinofa, flore purpureo *C. B. Pin.*
　　　　389.
　　　　L'Arête-Bœuf, ou Bugronde.

Item.　Anonis vifcofa, fpinis carens, lutea, major
　　　　C. B. Pin. 389.
　　　　L'Arête-Bœuf à fleur jaune.

Fœnum Græcum fativum *C. B. Pin.* 348.　　Réfolutive.

　　Le Fenu grec.

Medica major, erectior, floribus purpurafcen-　　Item.
　　tibus *J. B.* 2. 382.

　　La Luferne.

Phafeolus vulgaris *Lob. Icon.* 59.　　Item.

　　Le Haricot.

SECTION V.

Des Herbes à fleurs légumineufes, dont le piftile devient une gouffe divifée en deux loges, felon fa longueur.

Aftragalus luteus, perennis, procumbens,　　Apéritive.
　　vulgaris five fylveftris *Mor. Hift.* 107.
　　Glycyrrhyza fylveftris, floribus luteo pal-
　　lefcentibus C. B. Pin. 352.

　　La Reglifſe fauvage.

Tragacantha Maffilienfis *J. B.* 1. 407.　　Rafraichif-
　　　　　　　　　　　　　　　　　　　　　　fante.
　　La Barbe de Renard.

CLASSE XI.

Suite des Herbes à fleurs irrégulieres, composées de plusieurs feuilles.

SECTION PREMIERE.

Des Herbes à fleurs irrégulieres, composées de plusieurs feuilles, & dont le pistile devient un fruit qui n'a qu'une seule cavité.

Vulnéraire déterfive.
B Alfamina fœmina *C. B. Pin.* 306.
La Balfamine des Jardins.

Diuréti-que.
Balfamina lutea five Noli me tangere *C. B. Pin.* 306.
La Balfamine jaune.

Emollien-te.
Viola Martia, purpurea, flore fimplici odoro *C. B. Pin.* 199.
La Violette.

Apéritive.
Fumaria officinarum & Diofcor. *C. B. Pin.* 143.
La Fumeterre, ou Fiel de Terre.

Réfoluti-ve.
Refeda vulgaris *C. B. Pin.* 100.
L'Herbe Maure.

Apéritive.
Luteola Herba, falicis folio *C. B. Pin.* 100.
La Gaude, ou l'Herbe à jaunir.

SECTION II.

Des Herbes à fleurs irrégulieres , composées de plusieurs feuilles , dont le pistile devient un fruit à plusieurs loges, ou capsules.

Aconitum salutiferum, sive Anthora *C. B.* Alexitere
 Pin. 184. cordiale.
  L'Anthora.

Delphinium hortense, flore majore & simplici Vulnéraire
 T. Inst. 427. *Consolida Regalis , horten-* apéritive.
 sis , flore majore & simplici C. B. Pin.
 142.
  Le Pied d'Alouette.

Delphinium Platani folio , Staphisagria dictum Sternuta-
 T. Inst. 428. toire.
  L'Herbe aux Poux.

Aquilegia sylvestris *C. B. Pin.* 144. Apéritive.
  L'Ancholie.

Fraxinella *Clus. Hist.* 99. *Dictamnus albus* Alexitere
 vulgò , sive Fraxinella C. B. Pin. 222. cordiale.
  La Fraxinelle , ou Dictame blanc.

Cardamindum ampliori folio & majori flore Antiscor-
 T. Inst. 430. *Viola Indica scandens ,* butique.
 Nasturtii sapore , maxima , odorata H. L.
 Bat.
  La grande Capucine.

Cardamindum minus vulgare *T. Inst.* 430. Item
 Nasturtium Indicum majus C. B. Pin.
 306.
  La petite Capucine.

Stomachi-
que.
Melianthus Africanus *H. L. Bat. Pimpinella spicata, maxima, Africana Barth. Act. Hafn.* I. 2. 58.

La Melianthe, ou Pimprenelle d'Afrique.

Vulnéraire.
Corindum ampliore folio, fructu majore *T. Inst.* 431. *Pisum veficarium, fructu nigro, albâ maculâ notato C. B. Pin.* 343. *Halicacabus peregrinus Dod. Pempt.* 455.

Le Pois de Merveille.

SECTION III.

Des Herbes à fleurs irrégulieres, composées de plusieurs feuilles, & dont le calice devient un fruit rempli de semences semblables à de la scieure de bois.

Incraffan-
te.
Orchis Morio, mas, foliis maculatis *C. B. Pin.* 81.

Le Satirion mâle.

Item.
Orchis Morio, fœmina *C. B. Pin.* 82.

Le Satirion femelle.

Apéritive.
Helleborine latifolia montana *C. B. Pin.* 186.

L'Elleborine.

Vulnéraire
déterfive.
Ophris bifolia *C. B. Pin.* 87. *Bifolium sylvestre vulgare Park. Theatr.* 504.

La Double-feuille.

CLASSE XII.

CLASSE XII.

Des Herbes qui portent des fleurs à Fleurons.

SECTION PREMIERE.

Des Herbes qui portent des fleurs à Fleurons, qui ne laissent aucune semence après eux.

X Anthium *Dod. Pempt. 39. Lappa minor Xanthium Dioscor. C. B. Pin. 198.*   Résolutive.
La petite Bardane.
Ambrosia maritima, Artemisiæ foliis inodoris,   Céphalique.
elatior *H. L. Bat.*
L'Ambrosie.

SECTION II.

Des Herbes dont les fleurs sont composées de Fleurons reguliers ramassés par bouquets dans la plûpart des especes, & dont les Fleurons laissent chacun après eux une semence aigrettée dans presque tous les genres.

C Arduus stellatus, sive Calcitrapa *J. B. 3.*   Apéritive.
89.
Le Chardon étoilé, Chausse-trape.
Carduus stellatus luteus, foliis Cyani *C. B.*   Item.
Pin. 307.
Le Chardon étoilé à fleurs jaunes.

I

Sudorifi-que. Carduus albis maculis notatus , vulgaris *C. B. Pin.* 381. *Carduus Mariæ vulgaris Park.* 975.

Le Chardon-Marie , Artichaud sauvage.

Vulnéraire déterfive. Carduus tomentofus , Acanthi folio , vulgaris *T. Inſt.* 441. *Acanthium album Ger.* 988.

Le Chardon commun.

Item. Carduus feu Polyacantha vulgaris *T. Inſt.* 441. *Arcana Theophraſti Ger.* 1012.

Le Polyacante.

Réfoluti-ve. Carduus capite rotundo , tomentofo *C. B. Pin.* 382. *Carduus Eriocephalus offic. Ger.* 1152.

Le Chardon aux Afnes.

Apéritive. Cinara hortenfis , foliis non aculeatis *C. B. Pin.* 383.

L'Artichaud.

Item. Cinara fpinofa , cujus pediculi efitantur *C. B. Pin.* 383.

Le Cardon d'Efpagne.

Item. Cinara fylveſtris latifolia *C. B. Pin.* 383.

La Chardonette.

Vulnérai-re aftrin-gente. Jacea nigra , pratenfis , latifolia *C. B. Pin.* 271.

La Jacée des prés.

Item. Jacea nemorenfis , quæ Serratula vulgò *T. Inſt.* 444.

La Sarrete.

Ophtal-mique. Cyanus fegetum *C. B. Pin.* 273.

Le Bluet, Aubifoin , Caffelunettes.

Item. Cyanus floridus odoratus Turficus , five Orientalis & minor *Park. Theatr.* 481.

L'Ambrette , ou Fleur du Grand-Seigneur.

Circium Arvenfe , Sonchi folio , radice re- **Réfoluti-**
pente , caule tuberofo *T. Inft.* 448. **ve.**
Le Chardon Hémorrhoidal.

Centaurium majus folio in lacinias plures di- **Vulnérai-**
vifo *C. B. Pin.* 117. **re aftrin-**
La grande Centaurée. **gente.**

Centaurium Alpinum , luteum *C. B. Pin.* **Item.**
117.
La grande Centaurée à fleur jaune.

Lappa major , Arctium Diofcoridis *C. B.* **Apéritive.**
Pin. 198. *Perfonata , feu Lappa major*
aut Bardana J. B. 3. 570.
La Bardane , Glouteron.

Cnicus fylveftris hirfutior , five Carduus bene- **Sudorifi-**
dictus *C. B. Pin.* 378. **que.**
Le Chardon benit.

Cnicus attractilis lutea dictus *H. L. Bat.* **Item.**
Le Chardon benit des Parifiens.

Petafites major & vulgaris *C. B. Pin.* 197. **Item.**
Le Petafite , Herbe aux Teigneux.

Elichryfum feu Stæchas citrina latifolia *C.* **Vulnéraire**
B. Pin. 264. **apéritive.**
Le Stæchas citrin , ou Immortelle jaune.

Elichyfum montanum , flore rotundiore , fub- **Bechique**
purpureo *T. Inft.* 453. **incifive.**
Le Pied de Chat.

Filago feu Impia *Dod. Pempt.* 66. *Gnapha-* **Aftringen-**
lium vulgare majus C. B. Pin. 263. **te.**
L'Herbe à Cotton.

Conyza major , vulgaris *C. B. Pin.* 265. **Vulnéraire**
Conyza major Mathioli , Baccharis qui- **apéritive.**
bufdam J. B. 3. 1051.
La Conife.

Vulnéraire Eupatorium Cannabinum *C. B. Pin.* 320.
apéritive.   L'Eupatoire d'Avicenne.

Emollien- Senecio minor vulgaris *C. B. Pin.* 320.
te.   Senecio *five Erigeron Lob. Icon.* 225.
Le Seneçon.

S E C T I O N III.

Des Herbes qui ont les fleurs à Fleurons réguliers, qui laiſſent chacun après eux une ſemence ſans aigrette.

Purgative. Carthamus officinarum , flore croceo *T. Inſt.*
457.
Le Cartame , ou Safran bâtard.

Stomachi- Abſinthium Ponticum, feu Romanum , feu
que.   Dioſcoridis *C. B. Pin.* 135.
La grande Abſinthe , Aluyne.

Item.   Abſinthium Ponticum tenuifolium, incanum
C. B. Pin. 138.
La petite Abſinthe Pontique.

Item.   Abſinthium feriphium Gallicum *C. B. P.* 139.
L'Abſinthe maritime.

Sudorifi- Abſinthium Alpinum , candidum , humile
que.   *C. B. Pin.* 139.
L'Abſinthe des Alpes , ou Genepi.

Stomachi- Abrotanum mas , anguſtifolium majus *C. B.*
que.   *Pin.* 136.
L'Aurône mâle.

Item.   Abrotanum mas lini folio , acriori & odorato
T. Inſt. 459. *Dracunculus hortenſis
C. B. Pin.* 98.
L'Eſtragon.

Emmena- Artemiſia vulgaris , major , caule & flore
gogue.   purpuraſcentibus *C. B. Pin.* 137.
L'Armoiſe.

Artemifia procerior foliis & capitulis tenuibus
  Hort. Elt. *Artemifia Chinenfis cujus*
  mollugo Moxa dicitur Pluk. Phytogr. Tab.
  15.
  Le Moxa des Chinois.

Réfolutive.

Santolina foliis teretibus *T. Inft.* 460. *Abro-*
  tanum fœmina foliis teretibus C. B. Pin.
  136.
  L'Aurône femelle , petit Ciprès , Garde-
  robe.

Stomachique.

Santolina repens & canefcens *T. Inft.* 460.
  La Santoline.

Item.

Gnaphalium maritimum. *C. B. Pin.* 263.
  L'Herbe blanche.

Item.

Tanacetum vulgare luteum *C. B. Pin.* 132.
  La Tanefie.

Stomachique.

Tanacetum hortenfe foliis & odore Menthæ
  H. L. Bat. Mentha corymbifera five Coftus
  hortenfis J. B. 3. 144.
  Le Coq.

Item.

Bidens foliis tripartito divifis *Cæfalp.* 488.
  Cannabina aquatica folio tripartito divifo
  C. B. Pin. 321.
  Le Chanvre aquatique.

Sternutatoire.

SECTION IV.

Des Herbes qui ont les fleurs compoſées de Fleurons réguliers ramaſſés en boule, & ſoutenus chacun par un calice particulier.

Apéritive. Echinopus major *J. B.* 3. 69. *Carduus ſphæ-rocephalus latifolius vulgaris C. B. Pin.* 381.
La Boulette, Echinope.

SECTION V.

Des Herbes qui ont les fleurs compoſées de Fleurons irréguliers, ramaſſés par bouquets, & ſoutenus chacun par un calice particulier.

Sudorifi-que. Scabioſa pratenſis hirſuta, quæ officinarum *C. B. Pin.* 269.
La Scabieuſe des prés.
Item. Scabioſa folio integro hirſuto *T. Inſt.* 466. *Succiſa ſive Morſus Diaboli J. B.* 3. 11.
La Scabieuſe des bois, Mors du Diable.
Apéritive. Dipſacus ſativus *C. B. Pin.* 385. *Carduus Fullonum, ſive Dipſacus ſativus Lobel. Icon.* 17.
Le Chardon à Bonnetier.
Item. Dipſacus ſylveſtris aut Virga Paſtoris major *C. B. Pin.* 385.
La Verge de Paſteur.

Globularia vulgaris *T. Inft.* 467. *Bellis cæru-* — Vulnéraire déterfive.
lea , Globularia Monfpelienfium Adv.
199.
La Globulaire.
Globularia fructicofa, Myrti folio tridentato — Purgative
T. Inft. 467. *Alypum Monfpelianum ,*
five frutex terribilis J. B. 1. 508.
Le Turbith blanc , Séné des Provençaux.

CLASSE XIII.

Des Herbes qui portent des fleurs à demi-
Fleurons.

SECTION PREMIERE.

Des Herbes qui ont les fleurs à demi-
Fleurons , & dont les femences font
aigrettées.

DEns Leonis latiore folio *C. B. Pin.* — Apéritive.
126. *Taraxacon officinarum Chomel*
158.
Le Piffenlit.
Dens Leonis, qui Pilofella officinarum *T. Inft.* — Vulnérai-re aftrin-gente
469.
La Pilofelle , Oreille de Rat.
Hieracium murorum folio pilofiffimo *C. B.* — Bechique incifive.
Pin. 129. *Pulmonaria Gallica , five*
Aurea Tabern. Icon. 194.
La Pulmonaire des François.
Hieracium Dentis Leonis folio obtufo majus — Apéritive.
C. B. Pin. 127.
L'Herbe à l'Epervier.

Apéritive. Hieracium Amygdalas amaras olens , feu
         odore Apuli fuave rubentis *H. R. P.*
         L'Herbe à l'Epervier odorante.

Rafraî- Lactuca capitata *C. B. Pin.* 123.
chiffante.   La Laitue Pommée.

Item.   Lactuca Romana , longa , dulcis *J. B. 2.*
         998.
         La Laitue Romaine.

Item.   Lactuca fylveftris , cofta fpinofa *C. B. Pin.*
         123.
         La Laitue fauvage.

Item.   Sonchus afper non laciniatus *C. B. Pin.*
         123.
         Le Laitron épineux.

Item.   Sonchus lævis laciniatus latifolius *C. B. Pin.*
         124.
         Le Laitron doux.

Item.   Sonchus repens , multis Hieracium majus *J.*
         B. 3. 1017.
         Le Laitron , Chicorée jaune.

Diuréti- Zacintha five Cicorium verucarium *Math.*
que.   505.
         La Chicorée de Zante.

Item.   Scorfonera latifolia finuata *C. B. Pin.* 275.
         La Scorfonere , Cercifi d'Efpagne.

Item.   Tragopogon purpuro cæruleum , Porri folio ,
         quod Artifi vulgò *C. B Pin.* 274.
         Barbula Hirci purpuro cærulea Dod. Pempt.
         256.
         Le Cercifi commun.

Item.   Tragopogon pratenfe , luteum , majus *C. B.*
         Pin. 274.
         La Barbe de Bouc.

SECTION II.

SECTION II.

Des Herbes qui ont les fleurs à demi-Fleurons , & dont les semences sont sans aigrette.

Catanance quorumdam *Lugd.* 1190.   Apéritive.
   La Chicorée bâtarde.

Cichorium sylvestre sive officinarum *C. B. Pin.*   Item.
   125.
   La Chicorée sauvage.

Cichorium latifolium sive Endivia vulgaris   Rafrai-
   T. Inst. 479. *Intybus sativa , latifolia ,*   chissante.
   sive Endivia vulgaris C. B. Pin. 125.
   L'Endive , ou Scariole.

Lampsana *Dod. Pempt.* 675.   Item.
   La Lampsane.

Scolymus Chrysanthemos *C. B. Pin.* 384.   Apéritive.
   Spina lutea J. B. 3. 84.
   L'Epine jaune.

CLASSE XIV.

Des Herbes à fleurs Radiées.

SECTION PREMIERE.

Des Herbes à fleurs Radiées, & à femences aigrettées.

Apéritive.

ASter pratenfis , Autumnalis , Conyzæ folio *T. Inft.* 482. *Conyza media Dod. Pempt.* 52.
La Conife des prés.

Diuréti-que.

After Atticus cœruleus vulgaris *C. B. Pin.* 267.
L'Oeil de Chrift.

Stomachi-que apéri-tive.

After omnium maximus , Helenium dictus *T. Inft.* 483.
L'Aunée , ou Enula Campana.

Vulnérai-re aftrin-gente.

Virga aurea latifolia , ferrata *C. B. Pin.* 268.
La Verge dorée à larges feuilles.

Item.

Virga aurea anguftifolia , minus ferrata *C. B. Pin.*
La Verge dorée à feuilles étroites.

Emmena-gogue.

Virga aurea major, foliis glutinofis & gra-veolentibus *T. Inft.* 484. *Conyza major , Monfpelienfis , odorata J. B.* 2. 1053.
L'Herbe aux Punaifes.

Vulnéraire déterfive.

Jacobea vulgaris laciniata *C. B. Pin.* 131.
La Jacobée, Herbe de Saint Jacques.

Jacobea pratenfis , altiffima , Limonii folio   Vulnérai-
    T. Inft. 485. *Virga aurea major vel Do-*   re aftrin-
    ria C. B. Pin. 268.   gente.
    L'Herbe dorée.

Jacobea Alpina , foliis longioribus , ferratis   Item.
    T. Inft. 485. Confolida aurea Tabern.
    Icon. 556.
    La Confoude dorée.

Tuffilago vulgaris *C. B. Pin.* 197. *Bechium*   Bechique.
    five Farfara Dod. Pempt. 596.
    Le Tuffilage, ou Pas d'Afne.

Doronicum radice Scorpii *C. B. Pin.* 184.   Alexitere
    Le Doronic Scorpion.   & Cordia-
        le.

Doronicum radice dulci *C. B. Pin.* 184.   Item.
    Le Doronic.

Doronicum Plantaginis folio alterum *C. B.*   Item.
    Pin. 185. *Arnica officin. Schrod.* 20.
    Le Doronic d'Allemagne.

SECTION II.

Des Herbes à fleurs Radiées qui ont les femences ornées d'un chapiteau de feuilles.

Corona Solis *Tabern. Icon.* 763.   Vulné-
    Le Soleil.   raire.

Corona Solis parvo flore , tuberofâ radice   Item.
    T. Inft. 489. *Battatas de Canada Park.*
    1383.
    Le Taupinambours.

SECTION III.

Des Herbes à fleurs Radiées, dont les semences n'ont ni aigrette, ni chapiteau.

Vulnéraire aftringente.	Bellis fylveftris minor *C. B. Pin.* 261. La petite Paquerette.
Vulnéraire déterfive.	Chryfanthemum fegetum *Lob. Icon.* 552. La Fleur dorée, Marguerite jaune.
Item.	Leucanthemum vulgare *T. Inft.* 492. *Bellis fylveftris caule foliofo major C. B. Pin.* 261. La grande Marguerite.
Apophlegmatiffante.	Leuchanthemum Canarienfe foliis Chryfanthemi Pyretri fapore *T. Inft.* 493. La Pyretre des Canaries.
Emmenagogue.	Matricaria vulgaris feu fativa *C. B. Pin.* 133. *Matricaria vulgò minus Parthenium J. B.* 3. 129. La Matricaire.
Fébrifuge.	Chamæmelum vulgare, Leucanthemum Diofcoridis *C. B. Pin.* 135. La Camomille commune.
Item.	Chamæmelum nobile flore multiplici *C. B. Pin.* 135. *Chamæmelum Romanum Volk.* 101. La Camomille Romaine.
Carminative.	Chamæmelum fœtidum five Cotula fœtida *J. B.* 3. 120. La Camomille puante, ou Maroute.
Vulnéraire déterfive.	Cotula flore luteo radiato *T. Inft.* 495. *Buphthalmum Cotula folio C. B. Pin.* 134. Le Cotula.

Buphthalmum Tanaceti minoris folio *C. B.* Vulnéraire
Pin. 134, *Buphthalmum vulgare Raij* apéritive.
Hist. 1. 341.
L'Œil de Bœuf.

Buphthalmum Creticum, Cotulæ facie, flore Apophleg-
luteo & albo *Breyn. cent. 1. 150. Pyre-* matiſſante.
thrum flore Bellidis C. B. Pin. 148.
La Pyrethre, ou Racine ſalivaire.

Millefolium vulgare album *C. B. Pin. 140.* Vulnérai-
La Millefeuille. re aſtrin-
gente.

Millefolium nobile *Trag. 476. Achillea Mille-* Item.
folia odorata J. B. 3. 140.
La Millefeuille odorante.

Ptarmica vulgaris folio longo, ſerrato, flore Errhine
albo *J. B. 3. 147.* ou Sternu-
L'Herbe à éternuer. tatoire.

Ptarmica lutea ſuaveolens *T. Inſt. 497. Age-* Stomachi-
ratum foliis ſerratis C. B. Pin. 221. que.
L'Eupatoire de Meſué.

SECTION IV.

Des Herbes à fleurs Radiées , & les
ſemences renfermées dans des capſules.

Caltha vulgaris *C. B. Pin. 275. Calendula* Apéritive.
ſativa Raij Hiſt. 1. 337.
Le Souci de Jardin.

Caltha Arvenſis *C. B. Pin. 276.* Item.
Le Souci ſauvage, ou de Vigne.

SECTION V.

Des Herbes à fleurs Radiées, compoſées de Fleurons & de feuilles plattes.

Aſtrin-Xeranthemum flore ſimplici purpureo majore
gente.   H. L. Bat. Ptarmica *Auſtriaca* Dod.
    Pempt. 110.
    L'Immortelle.

Alexitere Carlina acaulos, magno flore albo *C. B. Pin.*
& Cordia-   380.
le.   La Carline, ou Cameleon blanc.

Item.   Carlina cauleſcens magno flore albicante *C. B.*
    Pin. 380.
    La Carline, ou Cameleon noir.

Item.   Carlina ſylveſtris vulgaris *Cluſ. Hiſt. clvj.*
    La Carline ſauvage.

CLASSE XV.

Des Herbes qui ont les fleurs à Etamines.

SECTION PREMIERE.

*Des Herbes qui ont les fleurs à Etamines,
& dont la partie poſtérieure du calice
devient le fruit.*

Purgative. A Sarum *Dod. Pempt.* 358.
    Le Cabaret.

Item.   Aſarum Americanum, majus *H. R. Par. Aſa-
ron Canadenſe Corn.* 24.
    Le Cabaret de Canada.

Beta alba vel pallefcens, quæ Cicla officina-   Rafraî-
rum *C. B. Pin.* 118.   chiffante.
La Poirée, ou Bette.

Beta rubra vulgaris *C. B. Pin.* 118.   Item.
La Poirée rouge, ou Betterave.

SECTION II.

Des Herbes qui ont les fleurs à Etamines,
& dont le piſtile devient une ou pluſieurs
graines enveloppées par le calice de la
fleur.

Acetofa pratenfis *C. B. Pin.* 114.   Apéritive.
L'Ozeille, Surelle, Vinette.
Acetofa rotundifolia hortenfis *C. B. Pin.*   Item.
114.
L'Ozeille ronde.
Lapathum hortenfe latifolium *C. B. Pin.* Purgative.
115. *Lapathum majus five Rhabarbarum*
Monachorum J. B. 2. 985.
La Rhubarbe des Moines.
Lapathum folio acuto plano *C. B. Pin.*   Item.
115.
La Patience fauvage.
Lapathum folio acuto rubente *C. B. Pin.*   Item.
115. *Lapathum fanguineum, five San-*
guis Draconis herba J. B. 2. 988.
La Patience rouge, ou Sang-Dragon.
Lapathum folio rotundo, Alpinum *J. B.* 2.   Item.
987. *Hippolapathum rotundifolium Ge-*
rard. 313.
La Rhubarbe des Alpes.

Purgative. Lapathum aquaticum folio cubitali *C. B. Pin.*
116. *Herba Britannica offic. Cod. lxvij.*
La Parelle, ou Patience de marais.

Rafraî-
chiſſante. Atriplex hortenſis alba , ſive pallide virens
C. B. Pin. 119.
L'Arroche, Bonnes-Dames, Folettes.

Item. Atriplex hortenſis rubra *C. B. Pin.* 119.
L'Arroche rouge.

Item. Atriplex latifolia , ſive Halimus fruticoſus
Mor. Hiſt. Oxon. 2. 607.
Le Pourpier de mer.

Emollien-
te. Chenopodium fœtidum *T. Inſt.* 506. *Atriplex
olida offic. Ger.* 258.
L'Arroche puante.

Diuréti-
que. Chenopodium Ambroſioïdes folio ſinuato
T. Inſt. 506. *Botrys Ambroſioïdes vulgaris C. B. Pin.* 138.
Le Botris.

Item. Chenopodium Ambroſioïdes Mexicanum *T.
Inſt.* 506. *Botrys Ambroſioïdes Mexi-
cana C. B. Pin.* 136.
Le Thé du Mexique.

Emollien-
te. Chenopodium folio triangulo *T. Inſt.* 506.
Bonus Henricus J. B. 2. 965.
Le Bon Henry.

Rafraî-
chiſſante. Blitum album majus *C. B. Pin.* 118.
La Blete blanche.

Item. Blitum rubrum majus *C. B. Pin.* 118.
La Blete rouge.

Apéritive. Herniaria glabra *J. B.* 3. 378.
L'Herniole, Turquette.

Vulnerai-
te aſtrin-
gente. Paronychia Hiſpanica *Cluſ. Hiſt.* 478.
L'Herbe au Panaris.

Alchimillâ

Alchimilla vulgaris *C. B. Pin.* 319. *Pes Leonis* Vulnérai
   sive Alchimilla **J. B.** 2. 3981.   re aftrin
    Le Pied de Lion.   gente.

Alchimilla montana minima *Col. part.* 1. 146. Apéritive.
   Perchepier Anglorum quibufdam J. B. 3.
    74.
    Le Percepier.

Parietaria officinarum & Diofcoridis *C. B. Pin.* Emollien
    121.   te.
    La Pariétaire.

Perficaria mitis maculofa & non maculofa Vulnéraire
   C. B. Pin. 101.   déterfive.
    La Perficaire maculée.

Perficaria urens feu Hydropiper *C. B. Pin.* Item.
    101.
    Le Curage, Poivre d'eau.

Polygonum latifolium *C. B. Pin.* 281.   Vulnérai
    La Renouée, Centinode, Trainaffe. re aftringente.

Fagopyrum vulgare, erectum *T. Inft.* 511. Réfoluti
    Le Bled noir, Sarafin.   ve.

Biftorta major radice minus intortâ *C. B. Pin.* Vulnérai
    192.   re aftrin
    La grande Biftorte.   gente.

Biftorta major, radice magis intortâ *C. B. Pin.* Item.
    193.
    La petite Biftorte.

Section III.

Des Herbes qui ont les fleurs à Etamines,
& les femences propres à faire du Pain,
& leurs femblables.

Réfoluti- Triticum Hybernum , ariftis carens *C. B. Pin.*
ve. 21.
        Le Froment , Bled.

Item. Secale Hybernum vel majus *C. B. Pin.*
23.
        Le Ségle.

Item. Hordeum polyfticum , vernum *C. B. Pin.*
22.
        L'Orge.

Item. Oryza *Math.* 403.
        Le Ris.

Item. Avena vulgaris feu alba *C. B. Pin.* 23.
        L'Avoine.

Rafraî- Milium femine luteo *C. B. Pin.* 26.
chiffante.   Le Millet.

Item. Milium Arundinaceum , fubrotundo femine
nigricante , Sorgo nominatum *C. B.*
Pin.
        Le grand Millet noir.

Item. Panicum Germanicum five Paniculâ minore,
flavâ *C. B. Pin.* 27.
        Le Panis.

Apéritive. Gramen Caninum arvenfe five Gramen Diofc.
C. B. Pin. 1.
        Le Chiendent.

Gramen Dactylon radice repente five officina- Apéritive.
    rum *T. Inft. 520.*
  Le Chiendent, Pied de Poule.
Arundo fativa , quæ Donax Diofcoridis & Item.
    Theophrafti *C. B. Pin.* 17.
  La Canne , ou Rofeau des Jardins.

SECTION IV.

*Des Herbes qui ont les fleurs à Etamines
    dans des têtes écailleufes.*

Acorus verus five Calamus aromaticus offic. Stomachi-
    C. B. Pin. 34.   que.
  Le Rofeau odorant.
Cyperus rotundus vulgaris *C. B. Pin.* 13.   Item.
  Le Souchet rond.
Cyperus odoratus radice longâ, five Cyperus   Item.
    officinarum *C. B. Pin.* 14.
  Le Souchet long.
Cyperus rotundus, efculentus, anguftifolius   Item.
    C. B. Pin. 14. *Dulcichinum Dod. Pempt.*
    340. *Tarfi J. B.* 2. 504.
  Le Souchet fucré.

SECTION V.

*Des Herbes qui ont les fleurs à Etamines
    féparées des fruits fur le même pied.*

Mays granis aureis *T. Inft.* 531. *Frumentum* Réfoluti-
    Indicum , Mays dictum C. B. Pin. 25.   ve.
  Le Bled de Turquie.
Lacryma Job *Cluf. Hift. ccxvj.*   Apéritive.
  La Larme de Job.

Purgative. Ricinus vulgaris *C. B. Pin.* 432.
       Le Ricin, Palme de Chrift.

Item.   Ricinoïdes Americana, Goffypii folio *T. Inft.*
       650.
       Le Medicinier, Pignon d'Inde.

S E C T I O N   V I.

*Des Herbes qui ont les fleurs à Etamines,
qui naiffent ordinairement fur des pieds
qui ne portent aucun fruit, & dont les
fruits naiffent fur des pieds qui ne
portent ordinairement aucunes fleurs.*

Vulnérai- Equicetum paluftre, longioribus fetis *C. B.*
re aftrin-   *Pin.* 15.
gente.   La Prêle, Queue de Cheval.

Item.   Equicetum arvenfe, longioribus fetis *C. B.*
       Pin. 16.
       La Prêle des champs.

Emollien- Spinacia vulgaris capfulâ feminis aculeatâ *T.*
te.   *Inft.* 532.
       L'Epinars.

Item.   Mercurialis tefticulata five mas Diofcoridis &
       Plinii *C. B. Pin.* 121.
       Mercuriale mâle.

Item.   Mercurialis fpicata five fœmina Diofcoridis &
       Plinii *C. B. Pin.* 121.
       Mercuriale femelle.

Item.   Mercurialis montana fpicata *C. B. Pin.* 122.
       *Cynocrambe fœmina five Mercurialis repens
       J. B. 2. 979.*
       La Mercuriale des montagnes.

Urtica urens maxima *C. B. Pin.* 232. Vulnérai-
   La grande Ortie. re astrin-
                                    gente.

Urtica urens, minor *C. B. Pin.* 232. Item.
   L'Ortie grieche.

Urtica urens pululas ferens, 1. Dioscoridis, Item.
   semine Lini *C. B. Pin.* 232. *Urtica Ro-*
    mana Ger. 570.
   L'Ortie Romaine.

Cannabis sativa *C. B. Pin.* 320. Apéritive.
   Le Chanvre.

Cannabina Cretica, florifera *T. Corol. Inst.* Purgative.
    52.
   Le Chanvre de Crête.

Lupulus mas *C. B. Pin.* 298. Apéritive.
   Le Houblon.

CLASSE XVI.

Des Herbes qui ne fleurissent point, &
qui ne donnent que des semences.

SECTION PREMIERE.

Des Herbes qui ne fleurissent pas, & qui
portent les fruits sur le dos des feuilles.

Filix ramosa major, pinnulis obtusis non Apéritive
   dentatis *C. B Pin.* 357. *Filix fæmina*
   Dod. Pempt. 462.
   La Fougere femelle, ou commune.

Filix non ramosa dentata *C. B. Pin.* 358. Item.
   Filix mas Dod. Pempt. 462.
   La Fougere mâle.

Apéritive. Lonchitis aculeata, major *T. Inst. 538. Filix aculeata, major C. B. Pin. 358.*
La Lonkite.

Bechique incisive. Trichomanes sive Polytrichum officinarum *C. B. Pin. 356.*
Le Politric, ou Capillaire.

Purgative. Polypodium vulgare *C. B. Pin. 359.*
Le Polipode.

Bechique incisive. Ruta muraria *C. B. Pin. 356. Salvia vitæ Adv. Lob. Icon. 811.*
La Sauve-vie.

Item. Filicula fontana, major sive Adiantum album, Filicis folio *C. B. Pin. 358.*
Le Capillaire blanc.

Item. Filicula quæ Adiantum nigrum officinarum, pinnulis obtusioribus *T. Inst. 542.*
Le Capillaire ordinaire.

Item. Adiantum foliis Coriandri *C. B. Pin. 355. Adiantum sive Capillus Veneris J. B. 3. 751.*
Le Capillaire de Montpellier.

Item. Adiantum Americanum *Corn. 7.*
Le Capillaire de Canada.

Item. Asplenium sive Ceterach *J. B. 3. 749.*
Le Ceterac.

Apéritive. Lingua Cervina officinarum *C. B. Pin. 353. Phyllitis vulgaris Cluf. Hist. ccxiij.*
La Langue de Cerf, ou Scolopendre.

SECTION II.

Des Herbes qui n'ont point de fleurs, &
qui portent leurs femences en grappe,
en épi, ou dans des boëtes.

Ofmunda vulgaris & paluftris *T. Inft.* 547. Apéritive.
    Ofmunda regalis five Filix florida Park.
    L'Ofmonde, ou Fougere floriffante.
Ophiogloffum vulgatum *C. B. Pin.* 354. Vulnéraire aftringente.
    La Langue de Serpent, l'Herbe fans cou-
    ture.
Lichen petreus latifolius five Hepatica fontana Apéritive.
    C. B. Pin. 362.
    L'Hépatique de fontaine.

CLASSE XVII.

Des Herbes dont on ne connoît ordinai-
rement ni les fleurs, ni les graines.

MUfcus capillaceus, major, pediculo & Sudorifique.
    capitulo craffioribus *T. Inft.* 550.
    Polytricum aureum, majus C. B.
    Pin. 356.
    La Perce-mouffe.

CLASSE XVIII.

Des Arbres & des Arbrisseaux qui ont les fleurs à Etamines.

SECTION PREMIERE.

Des Arbres & des Arbrisseaux dont les fleurs font à Etamines, & attachées aux jeunes fruits.

Apéritive. Fraxinus humilior, sive altera Theophrasti, minore & tenuiore folio *C. B. Pin.* 416.
Le Frêne de la Manne.
Laxative. Siliqua edulis *C. B. Pin.* 402.
Le Carouge.

SECTION II.

Des Arbres & des Arbrisseaux qui ont les fleurs à Etamines féparées des fruits fur le même pied.

Item. Buxus arborescens *C. B. Pin.* 471.
Le Buis ou Bouis.

SECTION III.

SECTION III.

Des Arbres & des Arbrisseaux dont les fleurs, qui sont à Etamines, naissent sur des pieds qui ne portent point de fruits, & dont les fruits naissent sur des pieds qui ne fleurissent pas.

Ephedra maritima major *T. Inst.* 667. Tragus sive Uva maritima major *J. B.* 1. 406.
   Raisin de mer.   Astringente.

Terebinthus vulgaris *C. B. Pin.* 400.
   Le Térébinte.   Vulnéraire déterfive.

Lentiscus vulgaris *C. B. Pin.* 399.
   Le Lentisque.   Item.

CLASSE XIX.

Des Arbres & des Arbrisseaux à Chatons.

SECTION PREMIÈRE.

Des Arbres & des Arbrisseaux dont les Chatons sont séparés des fruits sur le même pied, & dont les fruits sont osseux.

Nux juglans sive regia vulgaris *C. B. Pin.* 417.   Purgative.
   Le Noyer,

M

Vulnérai-
re aftrin-
gente.   Corylus fativa fructu albo minore, five vul-
        garis *C. B. Pin.* 417.
        Le Noifetier.

SECTION II.

*Des Arbres & des Arbriffeaux dont les
Chatons font féparés des fruits fur le
même pied, & dont les femences ont
une enveloppe femblable , en quelque
maniere , à un cuir léger.*

Item.   Quercus latifolia mas, quæ brevi pediculo eft
        C. B. Pin. 419.
        Le Chêne.

Item.   Ilex oblongo ferrato folio *C. B. Pin.* 425.
        L'Yeufe, ou Chêne vert.

Item.   Ilex aculeata cocciglandifera *C. B. Pin.*
        425.
        Le Kermes, ou graine d'Ecarlatte.

Item.   Suber latifolium perpetuò vivens *C. B. Pin.*
        424.
        Le Liege.

Vulnéraire Fagus *Dod. Pempt.* 832.
déterfive.   Le Hêtre.

Vulnérai- Caftanea fylveftris, quæ peculiariter Caftanea
re aftrin-   *C. B. Pin.* 419.
gente.   Le Châteignier.

SECTION III.

Des Arbres & des Arbrisseaux dont les Chatons sont séparés des fruits sur le même pied, & dont les fruits sont écailleux.

Abies Taxi folio , fructu sursum spectante Apéritive.
 T. *Inst.* 585.
 Le Sapin.

Abies tenuiore folio, fructu deorsum inflexo Item.
 T. *Inst.* 585.
 La Pesse , ou Picea.

Pinus sativa *C. B. Pin.* 491. Item.
 Le Pin cultivé.

Larix folio deciduo , conifera *J. B.* 1. 265. Purgative.
 La Meleze.

Thuya Theophrasti *C. B. Pin.* 488. *Arbor* Vulnéraire
 vitæ Clusii Hist. 36. déterfive.
 L'Arbre de vie.

Cupressus metâ in fastigium convolutâ , quæ Vulnérai-
 fœmina Plinii *T. Inst.* 587. re astrin-
 Le Ciprès femelle. gente.

Cupressus ramos extrà se spargens , quæ mas Item.
 Plinii *T. Inst.* 587.
 Le Ciprès mâle.

Alnus latifolia , glutinosa viridis *C. B. Pin.* Résoluti-
 428. ve.
 L'Aune.

Betula *Dod. Pempt.* 839. Apéritive.
 Le Bouleau.

M ij

SECTION IV.

Des Arbres & des Arbrisseaux dont les Chatons sont séparés des fruits sur le même pied, & dont les fruits sont ou de petites bayes, ou composés de petites bayes.

Vulnéraire déterſive.	Cedrus folio Cupreſſi major fructi flaveſcente *C. B. Pin.* 487. *Oxycedrus Lycia Ger.* 1191. Le Cedre de Lycie.
Sudorifique.	Juniperus vulgaris arbor *C. B. Pin.* 489. Le Genevrier.
Emmenagogue.	Sabina folio Cupreſſi *C. B. Pin.* 487. La Sabine.
Rafraichiſſante.	Morus fructu nigro *C. B. Pin.* 459. Le Mûrier à fruit noir.
Item.	Morus fructu albo *C. B. Pin.* 459. Le Mûrier à fruit blanc.
Bechique adouciſſante.	Ficus communis *C. B. Pin.* 457. Le Figuier.

SECTION V.

Des Arbres & des Arbriſſeaux dont les Chatons sont séparés des fruits sur le même pied, & dont les fruits sont ſecs & ramaſſés en pelotons.

Vulnéraire aſtringente.	Platanus Orientalis verus *Park. Theatr.* 1427. Le Platane.

SECTION VI.

Des Arbres & des Arbriſſeaux dont certains pieds portent des Chatons ſans fruits , & dont certains autres pieds portent des fruits ſans Chatons.

Salix vulgaris alba, arboreſcens *C. B. Pin.* 473.
    Le Saule.   Aſtringen-
                                      te.

Populus alba , majoribus foliis *C. B. Pin.* 429.
    Le Peuplier blanc.   Réſoluti-
                                      ve.

Populus nigra *C. B. Pin.* 429.
    Le Peuplier noir.   Item.

Populus nigra folio maximo, gemmis balſa-
    mum odoratum ſundentibus *Cateſb. Car.*   Item.
    1. 34. *Tacamahaca officinarum C. B. Pin.*
    503.
    Le Baumier, ou Tacamahaca.

CLASSE XX.

Des Arbres & des Arbriffeaux dont la fleur eft d'une feule feuille.

SECTION PREMIERE.

Des Arbres & des Arbriffeaux qui ont la fleur d'une feule feuille, & dont le piftile devient une baye ou un fruit mou & rempli de femences.

Purgative. R Hamnus catharticus *C B. Pin.* 478.
         Le Noirprun , Nerprun , Bourg-Epine.

Item. Rhamnus catharticus , minor *C. B. Pin.* 478.
         La Graine d'Avignon.

Item. Thymelæa Lauri folio , femper virens, feu Laureola mas *T. Inft.*
         Laureole mâle.

Item. Thymelæa Lauri folio, deciduo, five Laureola fœmina *T. Inft.* 595.
         Laureole femelle.

Vulnéraire aftringente. Alaternus prior *Cluf. Hift.* 56.
         L'Alaterne.

Diurétique. Alaternoides Africana , Lauri ferratæ folio *Comm. Præl.* 61.

         L'Apalachine , Thé du Cap de Bonne-Efpérance.

Phillyrea folio Liguſtri *C. B. Pin.* 476.
   Le Filaria.

Liguſtrum *J. B.* 1. 528.
   Le Troëne.

Laurus vulgaris *C. B. Pin.* 460.
   Le Laurier Franc.

Jaſminum vulgatius , flore albo *C. B. Pin.*
   397.
   Le Jaſmin commun.

Coffea *Linn. novor. Gener.* 73. *Arbor Ymenſis*
   fructum Coffe ferens Dougl. p. 2.
   Le Caffé.

Arbutus folio ferrato *C. B. Pin.* 460.
   L'Arbouſier

Vulnéraire aſtringente.

Item.

Stomachique.

Bechique adouciſſante.

Stomachique.

Aſtringente.

Section II.

*Des Arbres & des Arbriſſeaux à fleur
d'une ſeule feuille , dont le piſtile devient
une baye remplie ordinairement de quelques oſſelets.*

Styrax folio mali Cotonei *C. B. Pin.* 452.
   Le Storax.

Olea ſativa *C. B. Pin.* 472.
   L'Olivier franc.

Olea ſylveſtris folio duro ſubtus incano *C. B.
   Pin.* 472.
   L'Olivier ſauvage.

Elæaganus Orientalis , anguſtifolius , fructu
   parvo, Olivæ ormi, ſubdulci *T. Corol.
   Inſt.* 53. *Ziziphus alba Cluſ. Hiſt.* 29.
   L'Olivier de Bohême.

Stomachique.

Relâchante.

Item.

Item.

Émollien-
te.
Aquifolium five Agrifolium vulgò *J. B.* 1,
114.
Le Houx.

SECTION III.

*Des Arbres & des Arbriſſeaux à fleur
d'une ſeule feuille, dont le piſtile devient
un fruit membraneux.*

Vulnérai-
ve aftrin-
gente.
Ulmus Campeſtris & Theophraſti *C. B. Pin.*
426.
L'Orme.

SECTION IV.

*Des Arbres & des Arbriſſeaux à fleur
d'une ſeule feuille, dont le piſtile produit un fruit ſec diviſé en loges.*

Item.
Lilac *Math.* 1237. *Syringa cærulea C. B. Pin,*
398.
Le Lilac.

Réfoluti-
ve.
Erica vulgaris glabra *C. B. Pin.* 485.
La Bruyere.

Emmena-
gogue.
Vitex foliis anguſtioribus, Cannabis modo
difpofitis *C. B. Pin.* 475. *Agnus Caſtus
folio ſerrato J. B.* 1.205.
L'Agnus Caſtus.

SECTION V.

Section V.

*Des Arbres & des Arbrisseaux à fleur
d'une seule feuille, dont le pistile devient
une silique.*

Nerion floribus rubescentibus *C. B. Pin.* Sternuta-
464.   toire.
   Le Laurier-Rose.
Acacia Americana, Abruæ folio, triacan- Vulnerai-
   thas, sive ad axillas foliorum spinâ tripli- re   astrin-
   ci donata *Plukn.* 21.   gente.
   L'Acacie de la Passion.
Acacia Indica, Farnesiana *Ald.* 2.   Item,
   L'Acacie de Farnese.

Section VI.

*Des Arbres & des Arbrisseaux à fleur
d'une seule feuille, dont le calice devient
une baye.*

Sambucus fructu in Umbellâ nigro *C. B. Pin.* Purgative,
   456.
   Le Sureau.
Sambucus humilis sive Ebulus *C. B. Pin.*   Item,
   456.
   L'Yeble, ou petit Sureau.
Opulus *Ruelli* 281. *Sambucus aquatica flore* Item,
   simplici C. B. Pin. 456.
   Le Sureau aquatique, ou Obier.
Opulus flore globoso *T. Inst.* 607. *Sambucus* Item,
   aquatica flore globoso C. B. Pin. 456.
   La Rose de Gueldre.

N

Vulnérai-re aftrin-gente. Viburnum *Math.* 217.
     La Viorne.

Purgative. Tinus prior *Cluf. Hift.* 49. *Laurus Tinus feu*
     fylveftris prior J. B. 1. 418.
     Le Laurier-Tin.

Vulnérai-re aftrin-gente. Vitis Idæa foliis oblongis, crenatis, fructu
     nigricante *C. B. Pin.* 470. *Myrtillus*
     offic. Volk. 297. *Vaccinia nigra Comm.*
     Plant. Ufu. 11.
     L'Airelle, ou Mirtille.

Diuréti-que. Caprifolium Germanicum *Dod. Pempt.*
     Le Chevre-feuille.

CLASSE XXI.

Des Arbres & des Arbriffeaux à fleurs en Rofe.

SECTION PREMIERE.

Des Arbres & des Arbriffeaux à fleur en Rofe, dont le piftile devient une graine ou un fruit qui n'a qu'une feule cavité.

Vulnérai-re aftrin-gente. COtinus coñaria *Dod. Pempt.* 780.
     Le Fuftet.

Item. Rhus folio Ulmi *C. B. Pin.* 414. *Rhus five*
     Sumach J. B. 1. 555.
     Le Sumac.

Vulnérai-re aftrin-gente. Rhus Virginianum *C. B. Pin. App.* 517.
     Le Sumac de Canada.

Tilia fœmina folio majore *C. B. Pin.* 426.   Antifpaf-
    Le Tillau, ou Tilleul.   modique.

Hippocaftanum vulgare *T. Inft.* 612. *Caftanea*   Fébrifuge.
    Equina Dod. Pempt. 814.
    Le Maronnier d'Inde.

SECTION II.

*Des Arbres & des Arbriffeaux à fleur
en Rofe , dont le piftile devient une
baye ou un fruit compofé de bayes.*

Molle *Cluf. in Monard.* 312. *Lentifcus Perua-*   Stomachi-
    na C. B. Pin. 399.   que.
    Le Poivrier du Perou.

Celtis fructu nigricante *T. Inft.* 612. *Lotus*   Vulnérai-
    arbor fructu Cerafi J. B. 1. 229.   re aftrin-
    Le Micocoulier.   gente.

Frangula *Dod. Pempt.* 784. *Alnus nigra bac-*   Purgative.
    cifera C. B. Pin. 428.
    L'Aulne noir , Bourgene.

Hedera arborea *C. B. Pin.* 305.   Vulnérai-
    Le Lierre.   re aftrin-
         gente.

Chamælea tricoccos *C. B. Pin.* 462.   Purgative.
    La Camelée.

Vitis vinifera *C. B. Pin.* 299.   Bechique
    La Vigne.   adouciffan-
         te.

Berberis dumetorum *C. B. Pin.* 454. *Spina*   Apéritive.
    acida , five Oxyacantha Dod. Pempt.
    750.
    L'Epine-vinette.

N ij

Vulnéraire aftringente. Rubus vulgaris, five Rubus, fruæu nigro *C. B. Pin.* 479.
La Ronce.

SECTION III.

Des Arbres & des Arbriffeaux à fleur en Rofe, dont le piftile devient un fruit divifé en deux loges.

Item. Acer montanum candidum *C. B. Pin.* 430.
L'Erable, Sycomore.

Réfolutive. Staphylodendron *Math.* 274. *Piftacia fylveftris C. B. Pin.* 4012.
Le Nez-coupé, Piftache fauvage.

Vulnéraire aftringente. Paliurus *Dod. Pempt.* 756. *Rhamnus foliis fubrotundo fruæu compreffo C. B. Pin.* 477.
Le Paliure.

Apéritive. Azedarach arbor Fraxini folio flore cæruleo *C. B. Pin.* 415.
L'Azedarach, ou Sycomore de Provence.

Sternutatoire. Evonymus vulgaris granis rubentibus *C. B. Pin.* 428.
Le Fufain.

Vulnéraire aftringente. Syringa alba five Philadelphus Athænei *C. B. Pin.* 396.
Le Siringa.

Section IV.

Des Arbres & des Arbriſſeaux à fleur
en Roſe, dont le piſtile devient un fruit
compoſé de quelques gouſſes ramaſſées
en forme de tête.

Spiræa Opuli folio *T. Inſt.* 618.   Vulnérai-
  Le Spirea.   re aſtrin-
    gente.
Tamariſcus Germanica *Lob. Icon.* 218.   Apéritive.
  Le Tamaris d'Allemagne.
Tamariſcus Narbonenſis *Lob. Icon.* 218.   Item.
  Le Tamaris de Narbonne.

Section V.

Des Arbres & des Arbriſſeaux à fleur
en Roſe, & le fruit en gouſſe.

Senna Italica foliis obtuſis *C. B. Pin.* 397.   Purgative.
  Le Sené.
Caſſia fiſtula Alexandrina *C. B. Pin.* 403.   Item.
  La Caſſe.
Tamarindus *Raii Hiſt.* 1748.   Item.
  Le Tamarin.

Section VI.

Des Arbres & des Arbriſſeaux à fleur
en Roſe, & dont le piſtile devient un
fruit à pepin.

Aurantium dulci medullâ vulgare *Ferr. Hiſp.*   Cordiale.
  377.
  L'Oranger.

Cordiale. Citreum vulgare *T. Inst.* 521.
Le Citronier.

Item. Limon vulgaris *Ferr. Hesp.* 193.
Le Limonier.

SECTION VII.

Des Arbres & des Arbrisseaux à fleur en Rose, & dont le pistile devient un fruit à noyau.

Purgative. Prunus fructu ovato, maximo, flavo *T. Inst.* 623.
Le Prunier de Monsieur.

Item. Prunus sylvestris *C. B. Pin.* 444.
Le Prunier sauvage, ou Prunellier.

Bechique adoucissante. Armeniaca fructu majori, nucleo amaro *T. Inst.* 623.
L'Abricotier.

Purgative. Persica molli carne, vulgaris, viridis & alba *C. B. Pin.* 440.
Le Pêcher.

Rafraîchissante. Cerasus sativa, fructu rotundo, rubro & acido *T. Inst.* 625.
Le Cerisier.

Bechique adoucissante. Amygdalus sativa fructu majori *C. B. Pin.* 441.
L'Amandier.

Item. Ziziphus *Dod. Pempt. Jujubæ* majores, oblongæ *C. B. Pin.* 446.
Le Jujubier.

Stomachique. Lauro cerasus *Cluf. Hist.* 4.
Le Laurier-cerise.

Section VIII.

Des Arbres & des Arbrisseaux à fleur en Rose, dont le calice devient un fruit à pepin.

Pyrus sativa, fructu Autumnali, suavissimo, in ore liquescente *T. Inst.* 619.   Rafraîchissante.
   Le Poirier de Beurré.

Cydonia angustifolia, vulgaris *T. Inst.* 633.   Astringente.
   Le Cognassier.

Sorbus sativa *C. B. Pin.* 415.   Item.
   Le Sorbier.

Malus sativa, fructu subrotundo, è viridi pallescente, acido-dulci *T. Inst.* 634.   Bechique adoucissante
   Le Pommier de Reinette blanche.

Punica flore pleno, majore *T. Inst.* 636. *Balaustium Tabern. Icon.*   Vulnéraire astringente.
   Le Grenadier à fleur double, ou Balauste.

Punica quæ Malum Granatum fert *Cæsalp.* 141. *Malus Punica sativa C. B. Pin.* 438.   Item.
   Le Grenadier à fruit.

Rosa rubra multiplex *C. B. Pin.* 481.   Item.
   La Rose de Provins.

Rosa rubra pallidior *C. B. Pin.* 481.   Purgative.
   La Rose pâle, ou Rose à cent feuilles.

Rosa moschata, flore simplici *C. B. Pin.* 482.   Item.
   La Rose muscate.

Rosa sylvestris, vulgaris, flore odorato, incarnato *C. B. Pin.* 483.   Vulnéraire astringente.
   L'Eglantier, ou Rosier sauvage.

Rafraî- Groſſularia hortenſis , majore fructu rubro
chiſſante.   C. B. Pin. 455. Ribes flore rubente. J. B.
      2. 98.
      Le Groſeiller à fruit rouge.

Item.   Groſſularia ſpinoſa ſativa C. B. Pin. 455.
      Le Groſeiller épineux.

Stomachi- Groſſularia non ſpinoſa , fructu nigro , majore
que.   C. B. Pin. 455.
      Le Groſeiller à fruit noir , ou Caſſis.

Emmena- Myrtus latifolia , Romana C. B. Pin. 468.
gogue.   Le Mirthe à larges feuilles.

Item.   Myrthus minor , vulgaris C. B. Pin. 469.
      Le petit Mirte.

SECTION IX.

*Des Arbres & des Arbriſſeaux à fleur
en Roſe , dont le calice devient un fruit
à noyau.*

Vulnérai- Cornus hortenſis , mas C. B. Pin. 447.
re aſtrin-   Le Cornouiller mâle.
gente.

Item.   Cornus fœmina C. B. Pin. 447.
      Le Cournouiller femelle.

Item.   Meſpilus vulgaris J. B. 1. 69.
      Le Neflier.

Item.   Meſpilus Apii folio, ſylveſtris, ſpinoſa, ſive
      Oxyacantha C. B. Pin. 454.
      L'Epine blanche , Aubepin.

Item.   Meſpilus Apii folio laciniato C. B. Pin. 453.
      L'Azerolier , Pomette.

Item.   Meſpilus aculeata , Amygdali folio T. Inſt.
      642. Pyracantha quibuſdam J. B. 1. 51.
      Le Buiſſon ardent , Piracanta.

CLASSE XXII.

CLASSE XXII.

Des Arbres & des Arbrisseaux à fleurs Légumineuses.

SECTION PREMIERE.

Des Arbres & des Arbrisseaux à fleurs Légumineuses, qui ont les feuilles seules & alternes le long des branches.

Genista Juncea J. B. 1. 395.   Apéritive.
    Le Genet d'Espagne.
Genista tinctoria, Germanica C. B. *Pin.* 395.   Item.
    L'Herbe aux Teintures.
Genista-spartium spinosum, majus, primum,   Item.
    flore luteo C. B. *Pin.* 394.
    Genet épineux, Jonc marin.
Siliquastrum *Castor Dur.* 417. *Arbor Judæ*   Vulnérai-
    Dod. Pempt. 786.   re astrin-
    Arbre de Judas, ou Gainier.   gente.

SECTION II.

Des Arbres & des Arbrisseaux à fleurs Légumineuses, & qui portent trois feuilles sur une queue.

Anagyris fœtida C. B. *Pin.* 391.   Emmena-
    Le Bois puant.   gogue.
Cytisus Alpinus, latifolius, flore racemoso,   Purgative.
    pendulo *T. Inst.* 648. *Laburnum trifolium*
    Anagyridi simile J. B. 1. 361.
    L'Aubours, ou Cirise des Alpes.

O

Apéritive. Cytifo-Genifta fcoparia, vulgaris, flore luteo
T. *Inft.* 649.
Le Genet commun.

SECTION III.

Des Arbres & des Arbriffeaux à fleurs
Légumineufes, & qui portent des côtes
feuillées.

Bechique. Pfeudo-Acacia vulgaris T. *Inft.* 649.
Le faux Acacia.

Purgative. Colutea veficaria *C. B. Pin.* 396.
Le Baguenaudier, faux Sené.

Item. Emerus *Cæfalp.* 117.
Le Securidaca des Jardiniers.

FIN.

☞ NOTA. Le *Smilax*, (page 3) 1°. devroit
être placé avec les Fleurs en Rofe; mais comme il
auroit auffi fallu ôter le *Rufcus* de la Claffe des Fleurs
en Cloche, pour le tranfporter à côté du *Smilax*,
on a cru pouvoir les laiffer enfemble en avertiffant
qu'ils appartiennent à la Claffe des Fleurs en Rofe.
2°. Au lieu d'être à la Section III. il doit être à la
Sect. II.

Camphorata (page 36) eft de la Claffe des Fleurs
à Etamines après *Chenopodium* (page 80.)

Acorus (page 83) eft de la Claffe des Fleurs en
Lys, après *Corona Imperialis* (page 56.)

INDEX LATINUS.

A.

O ij

D.

TABLE

DES NOMS FRANÇOIS.

A.

Q

R

Fin de la Table des Noms François.

Explication des noms abrégés des Auteurs dont il est fait mention dans ce Catalogue.

A Dv. Adverfaria nova ftirpium, auctoribus Petro Penâ & Mathia de Lobel Medicis, *Londini* 1570 & 1606. *in-folio.*

Ald. Aldinus exactiffima defcriptio rariorum aliquot Plantarum quæ continentur Romæ in Horto Pharnefiano. Tobia Aldino Cefenate, feu potius Petro Caftello auctore, *Rom.* 1625. *in-folio.*

Anguil. Semplici dell'Excellente M. Luigi Anguillara *in Veneia* 1561. *in-8°.*

Boerh. Ind. alt. Hermanni Boerhaave Index alter Plantarum, *Lugd. Bat.* 1720. *in-4°.*

Bot. Monfp. Botanicon Monfpelienfe, auctore Petro Magnol. *Monfpel.* 1686. *in-12.*

Breyn. Prod. Jacobi Breynii Prodromus fafciculi rariorum Plantarum primus *Gedan.* 1680. Secundus *Gedan.* 1689. *in-4°.*

Buxb. Joannis Chriftiani Buxbaums enumeratio Plantarum, *Halæ Magdeb.* 1721. *in-4°.*

C. B. Pin. Cafparis Bauhini Pinax Theatri Botanici, *Bafilea* 1623, 1674. *in-4°.*

Cæfalp. Andreæ Cæfalpini de Plantis Lib. XVI. *Florent.* 1583. *in-4°.*

Camer. Hort. Hortus Medicus & Philofophicus auctore Joanne Camerario, *Francof.* 1688. *in-4°.*

Caft. Dur. Herbario nuovo di Caftore Durante, *Rom.* 1585. *in-fol.*

Chab. Dominicus Chabræus, M. D. Stirpium Icones & Sciagraphia, *Genev.* 1677. *in-folio.*

Chom. J. B. Chomel. Abrégé de l'Hiftoire des Plantes ufuelles, *Paris* 1712. *in-12.*

Cluf. Hifp. Caroli Clufii Atrebatis rariorum aliquot Plantarum , per Hifpanias obfervatarum Hiftoria, *Antuerp.* 1576. *in-folio.*

Cluf. Hift. Caroli Clufii Atrebatis rariorum Plantarum Hiftoria, *Antuerp.* 1601. *in-folio.*

Cluf. Hift. App. Clufius in Appendice Hiftoriæ Plantarum.

Codex Medic. Codex Medicamentarius , feu Pharmacopæa Parifienfis , *Paris* 1758. *in-4°.*

Col. part. 1. Columna parte 1. Fabii Columnæ Lyncæi, minus cognitarum Stirpium Εκφρασις *Rom.* 1606. *in-4°.*

Comm. præl. & rar. Cafparis Commelini præludia Botanica, *Lugd. Batav.* 1703 , *in-4°.*

Ejufdem , Horti Medici Amftelodamenfis Plantæ rariores & exoticæ , *Lugd. Batav.* 1706. *in-folio.*

Cord. Hift. Valerii Cord. Hiftoriæ Stirpium Lib. IV. Argentinæ 1561. *in-folio.*

Corn. Jacobi Cornuti Plantarum Canadenfium Hiftoria 1685. *in-4°.*

Dod. Pempt. Remberti Dodonæi Pemptades Sex, *Antuerpiæ* 1616. *in-folio.*

El. Bot. Elémens de Botanique de M. Tournefort, 1694.

Ferr. Hefper. Joannis Baptiftæ Ferrarii Hefperides, *Rom.* 1646. *in-folio.*

Ger. Emac. Joannis Gerardi , Angli, Hiftoria Plantarum emaculata , *Londini* 1597. *in-folio.*

Hort. Amft. Horti Medici Amftelodamenfis rariorum Plantarum defcriptio & Icones auctore Joanne Commelino , *Amftelod.* 1697.

H. L. B. Hortus Academicus Lugduno Batavus auctore Paulo Hermanno, *Lugd. Bat.* 1687.

H. R. P. Hortus Regius Parifienfis, *Parifiis* 1665.

J. B. Joannis Bauhini Hiftoria Plantarum univerfalis *Ebrodun. in-fol . 3 vol.*

J. R. H. Cor. & Cor. J. R. H. Corollarium Inſtitutio-
num Rei Herbariæ auctore Joſepho Pittou Tournefort, *Pariſiis* 1700. *in-4°.*

Lob. Icon. Mathiæ Lobelii Plantarum ſeu Stirpium
Icones, *Antuerp.* 1681. *in-folio.*

Lugd. Hiſtoria Generalis Plantarum , *Lugd.* 1586.
in-folio.

Math. Petri Mathioli opera illuſtrata à Caſparo Bau-
hino, *Baſil.* 1674. *in-folio.*

Mer. Pin. Chriſtophorus Merret , Pinax rerum natura-
lium Britannicarum continens vegetabilia , animalia &
foſſilia in hâc Inſulâ reperta, inchoatus , *Lond.* 1667.
in-8°.

Mor. Umb. Oxon. Plantarum Umbelliferarum diſtri-
butio nova auctore Roberto Moriſon, *Lond.* 1669.
in-8°.

Park. Th. Joannis Parkinſonii Theatrum Botanicum ,
Lond. 1640. *in-folio.*

Pluk. Phyt. Leonardi Plukenetii Phytographia cujus
Part. 1. & 2. *Lond* 1661. Tertia verò 1692. Quarta
demum 1696. exhibitæ ſunt *in-folio.*

Plum. Pl. Americ. Deſcription des Plantes de l'Amérique par le Pere Plumier, *Paris* 1593. *in-folio.*

Raii Hiſt. Joannis Raii , Hiſtoria Plantarum , *Londin.*
1686 & 1704. *in-fol. 3 vol.*

Rivin. D. Auguſti Quirini, Rivini, Introductio generalis in rem Herbariam , cum ordine Plantarum quæ
ſunt flore regulari, monopetalo, *Lipſiæ* 1699. *in-fol.*

Rupp. Flor. Jen. Henricus Bernhardus Ruppius, Flora
Jenenſis, ſive enumeratio Plantarum , &c. *Franc. &*
Lipſ. 1726. *in-8°.*

Tab. Icon. Jacobi Theodori Tabernæ Montani Icones
Plantarum , *Francof.* 1590.